中国近代伦理学文献丛刊

李义天 张远航◎主编

第四部分·第二册

CCTP
中央编译出版社
Central Compilation & Translation Press

出版说明

中国近代伦理学文献丛刊共计收录中国近现代伦理学文献三十二种，分作四辑，每辑所收文献按当时出版时序排列。本次整理，皆按底本影印，以存文献版本旧貌。底本原文或有舛错，本次整理未予订正，如伦理学（斯宾挪莎著，伍光建译）第一册第十一题目录作『神或本质原为无限属性所备造而成者而每一个属性则是发表永恒及无限然则神或本质要素者是必然有者』，但正文却为『神或本质原为无限属性所备造而成者而每一个属性则是发表永恒及无限然不神或本质要素者是必然有者』，虽神与不神仅一字之差，但意迥然不同；又如日本元良勇次郎著伦理学第二十四章目录作『纳税兵役之义务』，而正文却为『国家伦理　纳税与兵役之义务』，差异明显。此外，底本皆为繁体中文，本次整理，唯前言、目录及书眉等整理文字，为适宜今人阅读，皆作简体中文。特此说明。

前言

李义天

中国有着悠久的伦理文化传统与伦理思想传统。自先秦、经汉唐、至明清，前人先贤围绕善恶、是非、义利、廉耻等问题展开的讨论及其形成的知识成果，为我们留下了丰厚的文化遗产与思想资源。在这个意义上，作为一门学问的伦理学，在中华学术谱系中始终存在。然而，作为一门学科的伦理学，对于中国学术来说，却是一件近代以来才发生的事情。

学问的确立可以是学者个人的成就，但学科的确立却与学术制度的转型、学术形态的自觉，以及学术背景的更替密切相关。这些方面都必须在近代中国社会的语境中得到理解。具体而言：

其一，作为一门学科的伦理学，奠基于近代教育制度和教育体系的发展。正是在近代教育制度和教育体系（尤其是大学教育体系）的「学科化」进程中，细密的学科划分逐渐形成，清晰的学科意识逐渐确立。由此，学者对知识的探讨，不再意味着单纯的研究，而是建制上的学科建设。对近代中国学人而言，「伦理学」概念的出现以及学科的形成，正是近代中国在文明碰撞之间吸纳、改造近代教育体系及其学术制度的现实产物。

其二，作为一门学科的伦理学，不仅需要具备专门的研究题材与研究方法，更要有针对这些题材与方法的自觉总结和反思。因此，仅仅探讨有关善恶的问题、论证关乎善恶的要求，或许能够形成伦理学学问的主要框架，但不足以构成伦理学学科的完整内容。作为学科的伦理学，还必须在探讨和论证具体命题的基础上，对其背后的理由与方法加以提炼与批判。要做到这一点，则必须梳理、评析已有的观点与路径。在这个意义上，近代中国学人对伦理学方法论和伦理学思想史的研究自觉，乃是这门学科在近代中国初步成型的必要条件。

其三，作为一门学科的伦理学，无论是涉及教育体系与知识门类的『学科化』，还是涉及研究方法与思想历程的『自觉化』，都必须置于中国与世界交往的近代语境中来理解。在『作为学问的伦理学』向『作为学科的伦理学』的转变过程中，近代中国学人对西方伦理史籍的大规模翻译、对当时国外学界新近文献（尤其是思想史著作）的批评性介绍，以及他们立足本土而展开的系统阐释与重构，无疑是最重要的内在动力。这些动力及其带来的转变，恰恰是在近代中国的特定历史背景下，作为一系列近代事件而发生的。

因此，要理解作为一门学科的伦理学在中国的起步与发展，就必须对近代中国伦理学的理论实践加以关注。其中，最为基础的一项工作便是对当时研究和译介的基本文献进行搜集、整理与汇编。可以说，只有做好这项工作，我们才能印证中国伦理学学科所具有的近代性质，才能描述中国传统伦理思想向现代人文学科范式的转变过程，才能理解过去一百五十年间中国伦理学发展的曲折与波动，也才能帮助我们在此基础上推进当代中国伦理学的学术研究与学科建设。作为历史资料，这些近代文献对于直面历史、正视历史并希望能从历史中汲取经验的每一位伦理学人来说，都是无法忽视和规避的。

基于上述考虑，我们从二十世纪上半叶的相关文献材料中，择取了三十余部作品，分作四辑，每辑依其出版年序加以汇编整理。根据题材类型，它们大致被分为四类：

（一）史籍类。主要包括近代中国学人对西方伦理思想若干重要文献的翻译作品。它们可以映射出，当时的中国伦理学人在面向西方伦理思想时所采取的关注视角与选择范围。

（二）史论类。主要包括当时具有一定影响的伦理思想史研究著作。就内容主题而言，其中既有关于西方伦理思想史的研究，也有关于中国伦理思想史的研究；就出版类型而言，既有中国学者的原创研究，也有对同时期外国学者的成果译介。它们可以展示出，当时的中国伦理学人所接受的伦理思想史框架及其主要线索。

（三）著述类。主要包括近代中国学人对伦理学基本问题的思考和阐发。其中不仅含有一些导论性、概论性作品，也涉及一些基于特定立场或针对特定领域的研究专著。它们可以反映出，当时的中国伦理学人对伦理学整体或其分支的基本判断和理解深度。

（四）讲稿类。主要包括当时使用的若干伦理学讲义或教材。同样地，这一部分也是既包括中国学者或教育者的作品，也包括当时翻译过来作为教材或教学资料使用的文本。它们可以体现出，当时的中国伦理学学科教育所涉及的大致范围和程度。

值得特别强调的是，作为近代中国的思想文献，其在内容和表述上不可避免地存在这样或那样的历史局限。如今看来，其中有些说法和论证并不恰当甚或错误。但是，这也恰好体现了伦理学作为一门人文学科所无法摆脱的历史性与经验性，也再次证明了唯物史观关于道德学说在根本上受制于社会发展这一判断的有效性与正确性。因此，基于对历史事实的尊重，我们最大限度地将这些文献循其原貌，汇编成册，影印出版。我们期待，当代学人不仅能够抱着历史的眼光去认真地观察和理解它们，更能抱着历史的眼光去严肃地批判与剖析它们。只有这样，当代中国的伦理学研究才更可能去粗取精、去伪存真，也才更可能自成一体，贯通古今，奔向未来。

壬寅春于清华园

中等教育倫理學

中等
教育
倫理學序

西洋普通學校。必有宗教一科。而東洋教育家欲代之以倫理。善哉。我國倫理之說。萌芽於契之五教。自周以來。儒者尤盡力發揮之。顧大率詳於個人與個人交涉之私德。而國家倫理闕焉。法家之言。則又偏重國家主義。而蔑視個人之權利。且其說。均錯見於著述語錄之間。而雜厠以哲理政治之論。無條理。無統系。足以供專門家參考。而甚不適於教科之用。西洋倫理學。則自倍根以後。日月進步。及今。已嶄然獨立而爲一科學。學說競優。各有流別。苛難銳討。不見極不止。其大宗派有二。曰。直覺說。求端於良知良能。而要歸於正誼不謀利明道不計功者也。曰經驗說。求端於見賾觀通見動象儀。而要歸於以美利利天下者也。在理論界。更勝迭負。尚無以別黑白而定於一。用之於教育。則直覺說便於提醒責備。而恐無以引名教樂地之興味。經驗說便於誘導指示。而恐無以障放利自營之趨勢。兩者皆不免有所短。迹之於實踐。則甲之所善。乙亦大抵善之。乙之所惡。甲亦大抵惡之。兩者又實有相裨相接之勢。夫專門之學。必求之原理。而普通之學。則注重於實踐。是故普通教科。莫善於善采兩者而調和之。日本元良勇次郎氏之倫理講話。則深符此旨者也。是書隱以經驗派之功利主義爲幹。而時時以直覺派之言消息之。不惟此也。社會主義與個人主義。國家主義與世界主義。東洋思想與西洋思想。凡其說至易衝突者。皆務有以調和之。而又時時引我國儒家之言以相證。又以父子祖孫之關係易宗教家之前身來世。尤合於我國祖先教之旨。故是書之適用於我教育界。並時殆無可抗顏行者。順德麥公立氏取而譯述之。又舉元良氏附緣彼國之言。悉易之以國粹。惟國家倫理篇以我國憲法未立。有無可憑藉者。則仍援彼國法制。以示王者取法之義。苦心孤詣。毫髮無憾。吾願我國言教育者亟取而應用之。無徒以四書五經種種參考書。擾我學子之思想也。光緒二十八年九月山陰蔡元培叙

中等教育倫理學目錄

前編

中等教育倫理學目錄終

中等教育倫理學前編

日本　元良勇次郎　著
順德　麥鼎華公立　譯

第一章　緒論　倫理學釋義及其範圍

倫理學者。究人倫之理。以求其所以實行之方法者也。試以物理學與倫理學相爲比較。觀其所差別。即足以知其眞義。夫物理學。分論理與應用兩種。論理者不求應用與否。祇以硏究學理。發明天則爲目的。應用者。以推虛理而施之實事。且因此而發明未知之法爲主。至倫理學之可分論理與應用兩科與否。異論雖多。然吾固主張論理倫理學。不能特分一科者也。何則、倫理學之性質。實貴實踐。即論理時。間或鈎深索隱。然其目的。固非爲發明學理。在躬行實踐。以助社會之發達。是倫理學爲實踐科學。與物理學等之所以異者此也。

考其範圍。非如力學化學生物學等。劃一定之範圍。實涉於人類畢生。及百般之行爲。其界限甚爲渺漠。於是一派之論者。覩其渺漠。欲劃界限謂忠孝信義慈善等。凡直接關於心之善惡者。名之倫理行爲。以爲倫理學之範圍。至如才智技能等。用之可善可惡者。歸之倫理範圍之外。蓋謂吾人之行爲。非如運用機械之單簡。必由心意發動之動念。而後始生。復因此行爲。乃生結果。凡一切事業。必深明二者之關係。而後可定其善惡者也。此論以動念爲主。以一切行爲。於動念有直接之關係與否。定倫理之範圍。是卽所謂狹義之範圍也。或之論者。不問動念之如何。於行爲所生結果之善惡。而定倫理上之善惡。是擴倫理之範圍。使吾人之行爲無一不入此範圍者也。一則以動念之善惡爲主。一則以結果之善惡爲主。而倫理學之範圍。亦因之而異矣。合觀兩派。就兒童發達而論。其行爲之影響。及於外界者少。且心志之趨向。卽爲構造品性之基。則於倫理上以動念爲主。方爲適當。至政治商工業等之社會。視其動機之善惡。不如觀其所及外界結果之如何。而判斷其行爲。要而論之。自德性上而觀。則可由動念之如何。而決其善惡。自社會發達上而觀。則可由行爲之結果。而決其善惡。此兩派中所以互有長短也。

然吾人人類。非祇集合於一社會中。而爲生活。必有與社會互相聯係者。是吾人之思想行爲。無一不關係於社會。且於直接或間接。助其發達。或爲妨礙。何則、社會本爲一有生機體。一如生命生存其中之個人。決非獨立而得全其生活者也。是論理學者。實包含吾人一舉一動。及一切之事。若徒爭學派學說之如何。是皆枝葉之論耳。

自倫理上而細分之。則一曰修身。一曰處世。修身云者。所以涵養其德性。高尚其品格者也。處世云者。本社會發達之天則。以吾身爲之先導也。然欲達此目的。必立一主義爲之標準。使合此則爲正。是爲道義上之所謂善。背此則爲邪。是爲道義上之所謂惡。然後可。然世人之判別善惡。往往執已往之經驗。所謂格言習慣等。以常識爲主義。不知社會日赴繁雜。進步頗速。徒泥往昔之識見。其不適於今日之社會。固甚明矣。故必比較各派倫理之學說。研究其利害。求與今日之思想。得以並立之最良主義。爲第一要義。主義既定。非徒以發明眞理爲足。即由此而管轄吾人之思想行爲者也。由此言之。則倫理學者。非論理之學。乃實踐之學也。

考案

一物理學與倫理學之關係如何。

二所謂權謀術數。與倫理之關係如何。

三請述實踐科學之意義。

四倫理學之範圍。所以生差別如何。

五常識與主義之關係如何。

第二章 自己之觀念 一

仰觀於天。日月星辰。如此其炫爛也。俯瞰於地。山川草木如此其繁賾也。生於其間者。徒炫外觀。日研究天然之現象。遂忘自己之爲何物。徵之古史莫不皆然。及人智漸進。識見稍廣。始問自己。究屬何物。遲之又久。遂發明己亦爲天然中之一物。且與天然之現象。有吸力。有拒力。有須臾不可離之勢。且知從因果之理。被制於死生之法。夫智慧既開。不可壓抑。既知身爲己身。然吾身之動作行爲。必有指揮之。使令之者。復研究身中之心。由心之現象。而爲夢境。或爲妄想。精神之運用。種種不可思議。呈物質界所不能有之奇觀。於是恍然大悟。知吾人之精神。實存於物質、界之外。而別開一世界者。遂名此世界。謂之靈界。故人者自靈魂與肉體。相合而成。其與他種物體。及下等動物。所以異其性者此也。

至宗教家之言。更有進者。謂精神者存於物質之外。肉體之生死。無關於靈魂之存亡。未生之前。先有靈魂。肉體雖死。火盡而薪傳云云。斯言之眞否。姑措勿論。然先己之生。則有先祖。後己之死。則有子孫。且功業勳名。與社會相爲繼續。因長垂不朽者。此則世人所共知也。

然欲考己爲何物之範圍。頗涉廣漠。非一二言所能窮盡。今將大體上之區別。而紀其大要。即一爲自己身體之狀態。二爲自己思想之狀態。三爲自己與社會之關係。四爲自己與天然之關係。

第一自己身體之狀態。吾人之身體。與禽獸草木。皆從生物之生育法而生長。則必被制於生存之天則。故一切生物。適於生存者。則爲善良。不適者反是。執此標準而定身體之良與不良。則必有得天獨厚。或天賦稍薄者。是吾人之運命。實與禽獸草木。於賦形之後一定而不易者也。

是故身體强固者。爲享天然之幸福。虛弱者陷不幸之境遇。此自然之數也。將欲向天而訴其不平。天不任受其咎。惟吾人肉體之外。更有精神。異於禽獸草木。能知天然之法。且能求所以避禍害而增幸福。故由才智之作用。得補天禀之虛弱。然有時被制於情慾。却損天禀之美質。由此觀之。於天禀之幸不幸。雖無可如何。然吾人有可以養善良之精神。補身體之不足。殊有恃而無恐。於是對己身之義務。亦即從此而生矣。

義務云者。自甲對乙之關係而生。既有義務。則乙對甲。不可不有相當之權利。此法律上釋義務之語也。今云對己而有義務。是於己一身之中。而區別義務權利。斯言雖似奇誕。然細爲分析。實非謬論。夫吾人之身體。有生之日。則必有死之期。固無可逃之數也。今即此時期細爲區別。或以年。或以月。或以日爲計其一生涯之單位。譬人之生涯。凡六十年。則分爲二萬一千九百十五期。以一期而視爲一人。即生如左之結果。

夫人之性情。非獨時之變遷已也。今日之利害。往往異於明日之利害。縱一時之情慾。即爲後日生禍之原因。譬人生六十年。恰若二萬餘各異利害之人。互相繼續。前後而列居。若其中之一人。縱慾過度。有害身體。則列其後者。必身受其縱欲所生之禍。或一人去私遏慾。清明在躬。則列其後者。亦必身受其遏慾所生之幸福。此即列於前者。對列於後者所以生義務也。

且人之快樂病苦。不能常居其一端。其苦樂必交相往來故十種娛樂與十種痛苦。不能互相平均。全得中性者。次痛苦而生之快樂。與次快樂而生之苦痛。其性質大異。譬如朝日與夕日。兩者雖皆斜迸光線。然昇者益昇。降者益降。其光自大相懸絕。故自苦移樂時。則益覺其樂。自樂移苦時。益覺其苦。是苦於前而樂於後。即爲增加快樂之道。樂於前而苦於後。智者所不取也。由此言之。則吾人之生涯。不可不於前半期不惜勞苦。鍛鍊精神。以爲後半期之準備矣。

且人之利害。非獨及於己之一身已也。上自先祖。下至子孫。無不受其影響。故先求所以無汚辱先人後復求子孫之榮譽者。人情之常也。於人智尚屬幼稚時代。此種思想。最爲發達。故以子孫之繁榮。爲人類最重大之幸福。然則人之一身。上對先祖。下對子孫。皆有義務。其不能一人孤立。斯可知矣。

考案

一己對己之身體。所以盡義務者如何。

二所謂我者何也。
三靈魂與倫理之關係。
四請自苦樂之關係。而論人生之所當務。
五請舉對自己義務之關係。

第三章　自己之觀念　二

第二自己精神之狀態。吾人人類之所以異於他種動物者。在精神之發達。夫精神者。爲宇宙間一種特別之現象。與各種物質之現象。雖有密邇之關係。然其運動。可獨立而不羈。自於物質界被種種之影響。故論其性質。可分內部之運動。與其及於身體之影響兩事。

（甲）精神之內部運動。即其發於中心之知覺想像判斷。及善惡之觀察。美醜之感情等是也。精神之現象。非如物質現象。被統於因果之大法。恍如海中孤島。各自孤立。然雖孤立。其知覺宇宙中各種現象。恰如鏡之反射萬象。故無所不包。而別爲天地此先哲所以名人心爲小宇宙也。雖然求之實際。吾人智識。究不能兼涉萬事。此中蓋有限制於其間。故或由實驗而生閱歷。或由學問而廣知識。其範圍或廣或狹。各有不同。蓋吾人之心力有限。而知識之分量無窮。生也有涯。而知也無涯。此特分學科。而各究專門之所由來也。

夫今日者。研究專門之時代也。各執宇宙之一部。以益擴知識之範圍。自事半而功倍。或者過慮。以爲只通一部之事理。不保無闇於全部知識之虞。或偏於論理上之知識。自生滿足。則有乏實驗知識之恐。不知吾人之擴張知識。其目的有二。一則本欲知之心。以擴知識。而增加精神之活動。使滿足其欲知之心爲目的。一則應用知識。以改良社會之事業。增加幸福爲目的。然則學問之事。非徒誇博洽可知。然人之所以爲人者。與社會之搆造。國體之性質。俱有關係。又不可無普通之知識。要而論之。普通與專門。相輔而行。不可偏廢。勉强學問。以益助精神之發達。斯爲至要耳。

至情思之現象。比知識尤爲切近。夫人之快與不快。雖因精神之狀態。及身體之境遇如何而始生。然有時不問身體境遇之如何。徒抱妄想。不當憂而憂。不當喜而喜。故或焦思勞慮。徒耗心力。妨精神之活潑。或器少易盈。沾沾自足。至惰勤勞之志。故有教育之責者。務當發明妄想之無益。使精神之苦樂。與實境相應。爲第一要義。有政治家。理財家。務改良外界之境遇。以增進人之幸福。內則宗教家。及教育家。排除內界之妄想。求精神之發達。以增進人之幸福。兩者相輔而行。庶乎其可也。

(乙)精神及於身體之影響。夫孩童之初生。氣息微弱。或缺數時之保護。便即夭亡。及逐漸生長。四肢之運動。頗能自由。意思之作用。因之發達。遲之又久。可以步行。可以握物。其終精神靈現。一切物體之運動。天然力之使用。無不範圍於其中。倘放任天然之力。無論不能保全生命。即幸而免死。亦陷不幸之境遇。終至滅亡。然天生我材。必有所用。是非獨以人力能避天災爲貴。必能使用天然力。乃得增進人之幸福。此各種科學之所以可寶可貴者此也。

雖然、頹喪精神之事。在幼稚時。則爲天然之災害。及其成長。則情慾懶惰等之發於內部。比天災尤甚。故去私存理。實爲至要。彼有爲之青年。雖稟善良之質。然往往被制於一時之情慾。卒誤畢生之大計者。不可勝數。故必擴充知識。以明原因結果之理。清明其志氣。高尚其嗜好。或藉宗教之眞理。以補智識之不足。或藉社會之制裁。以約吾身之放蕩。或致自己之良知。以見吾心之本來。萬語千言。要不外以活潑精神爲主。不可不愼之於始。而貽後悔也。

考案

一精神之作用如何。

二吾人於學問上擴張知識。當如何而後可。

三請述妄想之害。

四頹喪精神之事。何者爲大害。

第四章　自己之觀念　三

三自己與社會之關係。吾人之生。必生存於社會。是社會之境遇。實出於先天。即吾人對社會之義務。亦爲前定。關係密接。誠有須臾不可離之勢。今試論列其關係。以爲處世之一助。

夫社會爲一團體。互相結合。而相爲維持。然所以結合之維持之者。其中不可無物。如人種之相同。氣候之相適等。又自結合之後。所生之輿論風俗習慣文學法律等。皆所以聯結團體者也。故社會勢力之及於各人。恰如日光空氣之於動植物。凡生存於社會者。無不受其感化。感化之善者爲善。惡者爲惡。近朱者赤。近墨者黑。理固然也。

夫人亦動物中之一種。各有特别之發生力。故雖同生於一境遇之中。然視其天禀之如何。或進於强大。或終於微弱。又感化於境遇之程度。或深或淺。此同一社會之中。而生各種之人物者。職此故也。

考之古史。太古社會。其組織未完備時。萬民平等。無大差異。僅有族制存夫其間。及稍進步。有所謂英雄豪傑者出。或假武力。或託鬼神。以統一人民。遂變族制而爲國家制度。於是治人者。與被治者。貴族與平民之階級。亦因之而起。由其統一人民之手段。各不相同。而思想之發達。亦因而互異。及人智日開。始不爲社會勢力所轉移。且却有轉移社會之勢。然則個人之特性。非發生於偶然。實與歷史共爲發達。而爲社會變遷與遺傳之結果者也。

世人動謂個人人性之發達。與國家之統一。有不相兩立之勢。是一偏之論。謬誤實甚。統一云者。使多數相異之物。向一目的而相結合。以統一之者也。其社會之性質愈殊。其統一之力愈强。故古代國家。其結合或祇藉武力。或祇賴神教。故其統一。外觀雖美。然大勢一變。隨即滅亡。然至十九世紀文明大啓。不獨政治商工業宗教教育等之社會。各自發達。即在各社會中之個人。其特質亦各發達。故社會之發達愈進步。而統一之範圍愈擴張。由國家之統一。有及於國際上統一之勢。是個人人性。與國家統一非獨不相矛盾。兩者必相因而至者也。蓋古代之統一。事頗簡單。故收拾人心。亦爲容易。至近世之社會。組織複雜。雖有一二豪傑。斷不能以一人之力。獨逞威權。此開明之世。所以惡一人之專制。而用衆人之合議也。

然天下之事。有一利必有一害。社會既進複雜。理賾事繁。吾人欲表見其特質。必多費時日。乃精一藝。競爭既烈。自立頗難。動有隨社會勢力而漂泊之勢。故有教育之責者。務使其不隨流俗。求一自立之地。方不負所託也。

由此言之。則各人之思想。爲有與當時社會之輿論。相爲矛盾者。如政治之思想。宗教之義理。倫理之主義。固難立一定之法則。以調和輿論。故或可枉己說而從輿論。或公敵輿論。力持己說。以矯頹風。此古來賢哲。抗抵輿論。雖被刑戮。仍死守不變者此也。雖然、與輿論爲敵。本甚可嘉。然必須審慎思詳。而後可發。不然、妄持一說。徒任血氣。濫用表發思想之權力。不獨自誤。其貽害尤非鮮淺也。

考案

一文明之進步。與個人之關係如何。

二請說個人人性之發達。與國家統一之關係。

三欲於社會而表發自己之特質。當如何而後可。

五社會勢力之及於個人如何。

第五章　自己之觀念　四

四自己與天然之關係。宇宙間之現象雖多。大別之則不外天然與精神之兩界。古代之人。務使精神服從天然。以增加幸福。所謂天命天運天道。祈天禱天等語。皆謂此事非吾人心意所能左右。必須服從。是即天然崇拜之起原也。然知識漸開。科學日盛。吾人關於天然之思想。大爲變更。蓋自科學者即格致家及物理學等科發明天然活動之法則。知天然者非臨機而發現。非因人之利害而始然。皆由一定之規律而活動。自風雨雷霆等之天災。至疾病凶饉之地妖。皆有避之之道。且因其法則而利用之。使天然有爲吾人奴隸之勢。遂於天然中益擴張吾人之勢力。而無可限量。

人生壽命。不出百年。然人之欲望。雖一日亦欲保全其生命。故未開之世。爲滿足其欲望。區別靈魂與肉體。謂肉體雖死。靈魂仍保其生命。此古來宗教之通義也。夫宗教之目的有二。一則與人以來世之希望。一則欲其安心而死。復明善惡因果之理。以補現世果報之不完。教理之是否。現時知識之程度。雖難證明。要之吾人爲現世之人。希望與安心不必求之來世。外有以報國。內有以修身。即爲安心之道。且行爲之結果。或美或惡。即爲果報。更不必求之靈界。待之將來也。

又天然之氣候山川等。其感化人心於不識不知之間。勢力頗大。氣候溫和之地。其性溫馴。山川峻峭之區。其性鄙野。雖未必盡人皆然。然就大概而論。或觀數十年之統計。雖不中不遠。故感化之勢力。如是其可畏。不得不以教育而補其所短。沈潛剛克。高明柔克。須審時度勢。因材施教。善救其偏。若執一定之規則而律全國。其受益之鮮。可豫決也。

考案

一天然崇拜之說如何。

二使用天然。與社會進步之關係如何。

三各求安心之道如何。

四請言天然之感化。

五以何而補天然之感化。

第六章　德性涵養之握要

大學有言。大學之道。在明明德。在親民。在止於至善。又曰。古之欲明明德於天下者。先治其國。欲治其國者。先齊其家。欲齊其家者。先修其身。欲修其身者。先正其心。欲正其心者。先誠其意。欲誠其意者。先致其知。致知在格物。是大學之三綱八目。實不出涵養德性之一義。此外皋陶謨之言九德。洪範之言三德。論語所謂溫良恭儉讓。所謂徙義崇德。所謂克己復禮。所謂忠信篤敬。中庸所謂好學力行知恥。所謂戒慎恐懼。孟子所謂存心養性。所謂反身强恕。凡所云云。皆不外此德性之必須涵養。古人蓋明有以教我矣。

然吾人之德性有二。一由天禀。一由學力。各從其性之所異而發達之方向。亦各有不同。或趨於溫厚篤實。或趨於卓犖豪邁。蓋種子既殊。枝葉自異也。要而言之。德也者所以高尙品格。夫人而不可欿者也。

然於天禀之德。復分兩種。一曰種子之善良、一曰遺傳之善良。此固非人力之所能左右。至學力則因教育而互殊、或受境遇之感化。或由家庭之浸淫。或由師友之切磋。遇珪則成方。遇圓則成璧。然有時教育之力。亦未嘗不可變天禀之性。唯祇限於一定範圍之內。始得奏效。故有分人性爲上中下三等。上者常善。下者常惡。唯中者因教而移之說。然雖曰上智與下愚不移。苟有天禀之善質。復加以人事之教化。其發達愈甚。可無疑也。

抑涵養德性之事。尤當隨時勢而爲變遷。處學生時代。有學生之德性。處官吏時代。有官吏之德性。閉關自守時代。與列國競爭時代。亦異其德性。即士農工商。其所以涵養其德性者。亦不能劃一標準。以例其餘。當於外參酌宇內之大勢。於內順應所處之境地。以完全一身之品格。而圖國家之强盛。方爲盡善盡美也。

考案

第一吾人之德性。從何而區別。

第二天稟與教育之關係如何。

第三有一定不易之德性與否。

第七章　家族倫理　一　家族組織

吾人之所謂家族。必親子夫婦兄弟。聚族而居。有統率與服從之關係者也。是家族起於人情之自然。故不問東西各國。必有家族之時代。此即爲社會發達之祖。及國家之制度。組織稍完。聖賢之教化。感人既深。遂因其國之知識如何。其中遂不能不少有變局。此東西各國。族制之所由異也。族制既立。必重血統。故一則各尊其民族之先祖。而追慕崇拜。一則各求其子孫之繁榮。而繼承勿替。兩者相因而至。此即爲族制之基礎。

歐洲古代之家族。初與東洋頗相類似。其基督教之傳播。政治之改革。古代族制漸衰。遂一變家族之觀念。基督教國之所謂家族。視祖先與子孫之關係頗輕。寧於社會上整理男女之秩序。立一夫一婦之制。以裁制人情。故婚姻而後。即自成一家。苟既生子。未達丁年時。父母任養育之責。及至有室。亦別爲一家。是東洋之族制。以婚姻爲繼續家族之原。而西洋則由婚姻而始爲家族。族制之各異。即社會組織之所由分也。

家族之對社會義務。雖不一而足。然其重要之點。則有數事。一家族者爲各人安息之塲。夫人類斷不能孑然而獨立。必出而營生計。或任公務。角逐紛紜。日不暇給。拂意之事。時接心目。苟無以慰養其精神。休息其身體。則祇有痛苦。絕無快樂。

非祇傷生。更非人道。家族者卽安息之所。娛樂之原。是家族非祇爲親族集合之地。必愛情纏綿。如坐春風。乃得謂爲完全之家族也。

一家族卽爲兒童之學校。家庭習慣之於兒童精神。恰如地味氣候之於草木。苟感化盡善。則志氣遠大。嗜好高尚。長成卽異尋常。否則沾染惡習。先入爲主。將欲變化其氣質。實非容易。微獨家族之不幸。其禍害將延及於社會。故家族有對兒童及對社會任家庭教育之義務。萬不可以其無關宏旨。輕而忽之也。

由此言之。家族之所關。如此其重大。此後社會之發達。有日新月異之勢。族制之慣習。亦不得隨而變更。凡立一家。成一族者。須知此家族非一人之私物。其影響足及於國家社會。勿徒以繼續血統之一主義。卽爲完家族之義務也。

考案

一請述家族之所以起。

二東洋家族與西洋家族。其相異之要點如何。

三請述家族之義務。

四歐洲之族制如何。

第八章　家族倫理　親子之道

親子之相親愛。非獨人類爲然。即至下等動物。莫不有之。故親之於子。則有慈愛之情。子之於親。則有戀慕之念。此發於自然之感情。出於不容已者也。然習俗澆漓。往往有因一時之忿怒。惑一端之情慾。不顧前後。卒爲悍逆者。此放任自然之過甚。而教之之道所由起也。

詩云、綿蠻黃鳥。止于邱隅。子曰。於止知其所止。可以人而不如鳥乎。詩云、穆穆文王。於緝熙敬止。子曰爲人子止於孝。爲人父止於慈。此雖以父而代表兩親。然其意亦不外親之於子。則當慈愛。子之於親。則當孝順。然親之對子。雖概以慈愛。父與母自異其性質。父則於慈愛之中。而寓威嚴。母則於慈愛之中而寓溫柔。必兩者相合。始得完爲親之道。

至論孝之道。則分常變。平常事親之道。則以得親心爲主。視於無形。聽於無聲。此古今不易之道也。至處變之道。如親陷不義。或蒙罪惡。子對親之道是也。東洋之倫理。以忠孝爲人倫之要義。故不問何事。必以從親之命爲主。即有罪惡。亦以子爲父隱爲德義。又有君父之讐。不共戴天之格言。故爲父復讐。視爲人子不可缺之義務。雖然、道者社會之道。隨社會之發達。即共爲變遷。今日之社會。以道德爲重。以國法爲神聖。事親之方。亦不得不稍異古代。夫子爲父隱之義。即羅馬之碩學施賒路（紀元前一〇六年生四二死）亦謂『父若犯罪。爲他人所訴。告子當辯護之。』東西思想若合符節。誠非偶然。蓋當時計社會幸福之思想。尚未發達。或以家族之團結。視爲一社會。故視親子之道。較社會道德爲重。此固理勢所必至。然今日文明之世。最重公益。嚴守國法。苟不幸親陷罪惡。比較親之心意如何。或涕泣力諫。或諫之不聽。當重國法之神聖。大義滅親。有所不避。己寧竭力以救親。弗辭死所。（可與訴訟論參看）又復讐者。案之一人私義。本爲孝道。然細繹復讐之意味。非因此而增死者之幸福。不過消復讐者之忿怒而已。古代國家制度。未完備時。其刑法非如今日。有制裁社會之効。故以復讐爲公理。至今日國法森嚴。國家自有處之之道。當聽法律之處置。不容徒洩私憤。取快一時也。

考案

一孝道與社會發達之關係如何。

二請論處常與處變之孝道。

三問孝道之所以隨時代而變化。

四孝道與復讐之關係。

第九章　家族倫理　婚姻論

女子生而願爲之有家。男女生而願之有室。此人之大倫也。故夫婦結婚而後。即新生親屬之關係。內於家庭親族。外於國家社會。即有新生之義務。古代社會。其結婚狀態。不一而足。故其夫婦相互之道。及其對於社會之道。亦因之而殊。夫男子體魄强壯。孔武有力。在古代時。社會之運命。全係於男子之手。故恃其威力以壓抑女子。待之幾若囚虜。視之直等奴隸。及世進文明。女子之地位漸高。男女各隨其天性之所適。而定職分。小則一家之整理。大則國家之進步。皆有相助爲理之勢。

抑古代之夫婦初無一定男女既已無別更無所謂家者即稍進步。知非家不可。然仍男女雜處。無甚界限。故或爲一妻多夫之制或爲一夫多妻之制。此社會學之所發明也。及社會發達愈進。夫婦之關係愈深。一家之中。上有祖先之祭祀。下有子孫之繼承。及財產之分配。關係複雜。遂成習慣。此數事者。皆直接或間接。與婚姻大有關係者也。

歐美基督教之國。以一夫一婦。爲其風俗。然東洋有立妾之風。是誠未脫野蠻之習者也。又歐美之婦人。夫死之後。可得公然再婚。幾成正道。然東洋之俗。最重貞節苟其夫若死。以不再婚爲婦人之德義。即此而論。未可遽定其優劣。必將家族制度。於財產分配之法。血統繼續之制。相合而觀。乃能定論。然就人情上而言。男女愛情本最親切。二者之間。皆欲其無外遇。若其中之一人。移其愛情於他人。必起嫉妬之心。或來不幸之事。故其人雖死。仍不忘其過去之愛情。不再婚嫁。本極可稱之事。然苟愛情既已消失。只恐社會之裁制。空鬱抑而獨守。終非人道。故再婚之事。須任本人之自由。方洽情理。且歐西之俗。有離婚之例。夫婦之間。苟相反目。可各分離。要之婚姻為人生最大之禮儀。設非有大不堪之事。决不可輕離。若動以細故輕率離婚。非獨反人情之常且紊社會之秩序。或謂婚姻者。自相約而成。自相約而散。有何不可。不知成立一家之後。既生天然之關係。何不思之甚耶。

考案

一社會之發達。與婚姻之關係。

二討論一夫一婦之制。

三一女不事二夫之格言。其公理若何。

四請論離婚。

第十章　社會倫理　一

以多數之人類。定居而相集。其間分業大行。有統一之而成團體者。謂之社會。夫國家與社會。有密邇之關係。然其相異之處。亦不可不知。國家者。爲法律與權力所統一之人民之團體。有治人者。有治於人者。各人相互之間。皆有權利義務。社會者本人情之自然而爲交際。以互相結合者也。然社會之結果。雖本於人情之自然發達。然苟放任其自然。即結合益密。然利害相遇。即生競爭。或紊秩序。且自然之結合。不能統轄大社會。自有分裂而爲小團體之勢。此組織國家之不可少。立權利義務之限制。以强力而保其統一之所由始也。或謂社會與國家。判然二物。不知兩者。達其目的之手段雖殊。然仍以同一之目的而運動。且相互之間。有脣齒相依。互相補助之性質。固未可徒執一二而誤解之也。

吾人既生於發達已久之社會。則吾人對社會之關係。比之父子之關係。亦無不可此。即吾人對社會可盡之義務也。夫吾人之義務。雖因其種類境遇。各有不同。然不外進則力謀公益。及退則勉求不害他人。且吾人所處之境遇。雖千態萬狀。然大別之則有兩種。一爲社會上之境遇。一爲心之狀態。就社會上之境遇而論。則大自營謀公益而定社會進步之方針。小至各人之禮法慈善娛樂等事。不可不各應其時地而有所作爲。此境遇與義務之所以互相聯係也。至心之狀態。亦與盡社會上之義務。大有關係。凡忘一己之利害。而爲人謀之人。不可多得。不過恐輿論之誹謗。或懼社會之裁制。不得已而盡義務者。十居其九。故雖曰有迫而爲。然不昧良心即爲爲善之始。故擴充其羞惡之心。而義不可勝用也。

抑社會者。雖爲個人之集合。然所以集合各一者。一由物質之境遇。一由生理與精神之作用。物質云者。指住居之相接。氣候之相同。物產之交換而言。生理及精神云者。指有同一之血族。同一之歷史。同其風俗言語。思想宗教而言。此事雖不必皆備。然備之者。其結合益固。如中國國民中。血族既先差異。從而異其歷史。異其言語風俗思想。故動有搖動之處。此其證也。雖然、東洋與西洋。於人種言語風俗及其國家之組織。雖絕不相蒙。然相互而交換物產。交換思想。即謂爲人類之大社會。亦無不可。

由是觀之。個人與社會之關係。非機械之比。固有精神血脈以相聯貫。實成一個生機體。個人之榮枯。即其社會之盛衰。同其運命。故生於一國社會之上者。當以自己爲主位。所謂天下興亡。匹夫有責者。即此義也。

考案

一社會者個人之集合。或云雖無社會。個人可能存在。無個人則社會不能存在。故以個人比社會爲重。可評論斯說。

二社會爲有生機體之說。其意如何。

第十一章　社會倫理　公益論

人生斯世。既與社會有重要之關係。故不論智愚賢不肖。當盡其力之所及。以求有益於社會。故治人者。被治者。實業家。教育家。政治家。當各盡所長。以盡義務。雖然、自非聖人。安能生知。故教育爲第一要義教育之方法。雖千頭萬緒。總以啓發智能。成就德器。爲廣公益之準備。爲大目的。故爲家長者。有教育少年之義務。個人有勉勵而教育自己之義務。此義務者。夫人而當盡者也。唯世人學業少有成就。動則沈溺於金錢之欲。名譽之欲。權利之欲。蔽於一孔而忘大局。妨害社會之進步。腐敗社會之空氣。罪誠不少。故一切行爲求無害於社會。即爲公益之初步。然尤當進而謀公益之發達。方完個人之天職。故於政治上、實業上、教育上等。次各計己身器量之大小。智力之程度。以撰職業。更不必故意以求及影響於社會。只盡心竭力。以謀所業之精進。於不識不知之間。遂爲社會之公益。蓋今日之社會。爲祖先之所賜。吾人食報於先者。亦不可不求所以圖報後人也。

然所謂謀公益者。非必以己之身。而供他人之犧牲也。夫人心複雜萬狀。智計情慾、錯雜交加。以成社會之現象。故社會現象。與精神現象。相爲原因結果。或精神現象爲原因而生社會現象。或社會現象爲原因。而裁制精神現象。互相感應。如影隨形。若個人傾於孤獨主義。則一切事業。澁滯窒碍。自己終覺其不利。若同心協力。咸普大公。終必秩序整然。百廢具舉。自己終亦蒙其幸福。由此觀之。自己之利害。與社會之利害。非必異其範圍。固並行而不悖。況獨樂之不若與衆共樂哉。

夫人事萬有不齊。故從此而生之快樂。亦不勝枚舉。或關於衣食。或關於思想。或關於感情。或感現時之快樂。或追想從前。或豫想將來之快樂。凡求精神之快樂者。其樂恒久而大。求形質之快樂者。其樂恒狹而淺。故縱欲敗度。即損精神之快樂。彼放逸流盪。貽害社會。固無待言。即嗜好偏頗。性情執拗。亦非社會之福也。

且人各有欲。則不可不各自制抑。以防爭奪。亦人各有欲。則不可不各出其快樂。以相交換。譬甲欲滿足其情欲。則乙須稍爲節制。以讓他人。丙節制情欲。以讓他人。則丁於情欲。必有所得。相讓以防爭。交換以益樂。捨之於此。則得之於彼。與之以有形者。則得之於無形。人欲之配賦。各得其所。則人情之浹洽。愈臻其極。交換快樂。亦即公益上之一大要質也。

吾人之精神。本自獨立。則於思想界。亦有不得不成孤立之勢。然施之實際。個人之力。仍甚薄弱。必互相聯合。始得成大業。如政治上之運動。教育之事業。實業進步。無一非共同事業。苟既稱爲同志。相與共事。一旦思想偶異。忽云脱黨。遽自背約。是所謂輕用信義。輕用信義者。非祇妨一人之目的。實害公益之尤。凡出而處世者。寧慎之於始。其無悔之於終也。

考案

一公益者。爲私利乎。私利者。爲公益乎。請言其結局。

二公益之初步爲何。

三交換快樂。於公益曾有關係否。

四請言實行公益之手段。

第十二章　社會倫理　禮儀論

禮爲交際上之私德。以和合人情爲目的。誠於中者。必形諸外。故禮也者。所以使內外相應。制感情發動之過與不及者也。孔子曰。恭而無禮則勞。愼而無禮則葸。勇而無禮則亂。直而無禮則絞。荀子曰。禮者僞也。以人而爲之者也。可謂至言。心之所感。發之聲音。則爲歌唱。形之文字。則爲詩歌。發之四肢。則爲運動。雖皆發之自然。然苟放任之。不加以人事。將有日流於鄙野粗陋之勢。故聖人制爲禮以節之。使一舉一動。皆有規矩。以爲範圍。一言一語。皆有規律。以爲法度。本乎人情。揆乎公理。此禮義之所由起也。

禮與儀其形雖同。其質實異。禮者本夫中心。而發於外貌者也。至儀則不盡本夫誠敬。以適合形式爲主。西哲常論儀式之起原。謂儀式者。本乎人情之自然。而進化者也。及時俗變遷。發表敬意之方法。既異昔時。而儀之形式。依然不改。今日之所謂儀式。即不外此云云。此說雖當。然仍知其一。未知其他者也。夫儀式非獨古代之遺物。且於社會有統一個人舉動。及社會風俗之必要。譬國家有大事。國民咸舉而表祝意。且每年必以是日舉行斯式。傳之後世。以爲紀念。當此之時。苟隨所欲爲。以表祝賀。縱不失敬意。然旣缺統一。且無體制。雜沓紛紜。曷足壯觀。故必定一祝賀之儀。劃一紀念之式。旣有以示國民舉動一致之狀。且足以激動其熱血。煥發其精神。雖曰虛文。而所關甚大。然世人動混合禮與儀而爲一。徒趨末節。反忘禮之根原。此又不可不有以矯正之而發明之也。

中國本禮儀發達最早之國。非患其不足。且恐其太繁。然自海禁大開。舟車絡繹。雖重洋遠隔。恍若比鄰。故交際非祇本國之人。世界人民。將來接踵。故交際之形式。不無多少之差違。然其形式雖殊。其精神無異。厚禮而薄儀。厚情而簡形。此即禮之精神。吾人所當固守者耳。

考案

一 請論禮與儀之別。

二 儀式之關係如何。

三問禮之起原。及其目的。

第十三章　社會倫理　信義論

信義爲社會上最重要之私德。與公德中之忠義。正相對立者也。信云者。所言必行。所約必踐。無欺無僞之義。然自社會倫理論之。非獨以言行一致。不失所約爲足。必所行所約。適合夫義而後可。此所以信義相合。而爲社會之道德也。

近則親戚兄弟朋友。遠則國民全體。以及於外國人。無信義即無以爲交際。然吾人之情。咸循夫避苦就樂之原則。而各有所欲。且情之所發。隨時而異。今日之所是。明日則以爲非。今日之所好。則爲明日之所惡。若任之自然。則雖極親愛之人。不至決裂不止。故必各重信義。力制心意之變更。苟發一言。雖如何曲折。必求所以踐言。苟立一約。雖如何艱苦。必求所以履約。蓋必如是。於外乃不紊社會之秩序。於內乃足高其人之價値。可不注意耶。

今請論工商業之社會。夫平準社會。以殖產工業爲主。以富國爲目的。世人動謂爲富不仁。與德義無關係。不知富者由人而生。爲人而起。是平準與人倫。實有相爲維繫之勢。即賣買而論。彼不失信用者。鉅萬之金。一呼可集。貨物之出入。輸運靈通。否則百計周旋。始得一擲。平準之便利與否。即爲職業興廢之所關。此工商業之所以貴信義也。個人亦然。能博世人之信用。即增己之價值。季布一諾。重於千金。職是故也。語曰、人而無信。不知其可。大車無輗。小車無軏。其何以行之哉。民無信不立。殆誠然歟。

考案

一社會道德。信必加以義之旨如何。

二信義與成効之關係如何

三平準與信義之關係如何。

第十四章　社會倫理　慈善論

人生斯世。或生而爲幸福之身。或生而陷於不幸之域。即有生之初。幸不幸之差。

無甚懸絕。然因天然境遇。與社會境遇之適否。即大相違。世人指此謂之天運。天運者。實於人事有極大之關係者也。彼居社會之上級得享幸福者。雖由其勤儉器量而來。然天運之補助。蓋亦不少。居不幸之境遇者。非必其自暴自棄。限於運命者亦多。此行慈善之事。所不可少也。慈善者。非行於境遇同等者之中。必幸者對不幸者。自不幸中而爲救援。且無求其報酬者也。故不問何國。必有善堂善社之設。彼得營生計。非迫於貧苦者。不可不分若干之收入。出若干之勞力。以行慈善之事。此即吾人對社會義務之一也。然人心不同。一如其面。彼自暴自棄者。與限於運命者。徒視其舉動。頗難區別。則慈善之美舉。或爲無賴之糧臺。將怠者益怠。流毒社會。禍不堪言。此又不可不求一善法。以防其流弊耳。

生存競爭者。生物之通則。人類社會。亦不能出此範圍。故競爭爲社會之防腐藥。競爭激烈。則進步愈速。苟無競爭。便即衰弱。是慈善與競爭。作正反對。蓋競爭則以優勝劣敗爲主義。慈善則以補衰扶弱爲主義。是二者本不相容。此亦社會上之一大問題也。要之爲生存而競爭之事。凡於動物界中者。以食物爲首。人類社會亦然。次於食物者。或爲名譽之競爭。或爲權力之競爭。所有一切。無所不爭。然其爭雖烈。未必盡人而同爭一物。譬甲與乙競爭名譽。然於衣食權力。無所競爭。則可自甲而惠衣食於乙。又乙與丙爲衣食之競爭。而不爭名譽權力。或丙與丁爭權力名譽。而不爭衣食。故慈善與競爭。實非矛盾。非獨不相矛盾。且可於一定範圍之內。以慈善爲競爭之準備。蓋競爭尚力。弱者之必敗。固無待言。然人非必與弱者相競爭。如苟非有不得已之事情。斷無有與幼兒競爭者。蓋幼兒尚在襁褓之中。未足爲社會之一人。當其心身尚未發達。雖爲弱者。然生長之後。將爲社會重要之人物。固未可知。故由慈善而保養之。即爲他年出而競爭之準備。又青年之男女。迫於貧苦。生長於無教育之中。則即及長成。亦不過僅存生命。墮於社會最下之階級。若得慈善家之恩惠。得教育之機會。將學成而後。馳騁於競爭場裏。正未可量。所謂以慈善爲競爭之準備者此也。況惻隱之心。人所同有。即非迫於公義。亦焉有坐視其人之死。而不救者哉。

考案

一請論慈善之本旨。

二慈善論與競爭說相矛盾否。

第十五章 社會倫理 名譽論

名譽者無形之財產也。自所有言之。則爲一種之美德。自他人言之。則爲賞讚之雅意。蓋思慕善行美德。遂至尊敬其人。故名譽者。非孤立者也。然世之矯揉造作。沽名釣譽者。實不乏人。固不可無虛名實譽之別。然則以何標準而言其虛實乎。此倫理上之一大問題。學生雖不一其說。然所謂名譽者。本自有功者與讚賞者之關係而發。自以賞讚之多寡。而定其虛實。蓋少數時之識見。易陷於謬誤。多數時則成爲公論也。故人不可求一部分之小名譽。當求名譽於全國。非獨求之全國。且求之於全世界。且不以求之現世界而自足。更當於世界歷史中。求傳其大名。斯爲可貴也。

且名譽之在社會有制裁人心之大勢力自非無恥之小人。誰不好名惟其好名故。於公私之品行。皆深自檢察。不敢蕩檢踰閑。故在朝者。力博世人之信用。在野者力增一己之價値。戰戰競競。養成一種善良之習慣其勢力之大。殆無比倫。試問居此社會之中。誰能出此勢力之外。以求令名耶。

名譽既爲無形之財產。則凡對他人之名譽。與對他人之財產同。如讒謗誹笑等。即毀損他人之名譽。即不守義務而侵他人之權利者也。就其心迹而論。讒謗則有爲而爲。既誣涅他人以惡事穢行。復倡言不諱以排斥其人。其不德固不俟論。至誹笑則其中非必有所目的。但識見淺少性情輕薄。徒執傳聞之風說談他人之惡事以爲快。兩者之心迹雖殊。然其侵害權利則一。故於他人之惡事。雖其實名確。然無礙社會不害公益者。仍以不攻人惡爲合道德。蓋公言之於己無益而於此人畢生之名譽。大有關係也。

考案

一請說名譽之所以爲無形財産。

二請說名譽之標準。

三譏言與誹笑之心迹如何。

第十六章　社會倫理　訴訟論上

人類相集而成一社會。又於社會而組織國家。複雜紛紜。其間不無利害之衝突。若各不相讓。必不能維持其團體。然古之時。如今日吾人所謂宗教、倫理、法律之區別。亦殆無之。只以神道權力良心等相合而防利害之衝突。裁制人民之惡事。及社會逐漸進步。宗教、倫理、法律遂各顯其特性。而各異其範圍。夫於宗教則以命令爲神所出。背之者即爲神所罰。於倫理則以己心判別善惡。褒貶各由其良心。於法律則以國家之權力。使人民有所服從。三者之目的雖同。然行之實際。結果自異。蓋倫理則祇良心之制裁。從其智識之程度而各別。非如國法之普及。宗教則信仰自由。其制裁祇及於信者。不能行之信者之外。又非如國法之統一三者雖相輔而行。以正社會之秩序。然終不能無所偏重於其間。宗教本信仰自由。姑不具論。試即倫理與法律之關係畧爲研究。

自大體上論之。倫理者以防惡於未然爲主。法律者於惡事既發之後。加以制裁。以除社會之罪惡爲主。其關係恰如衛生學與醫學。蓋衛生學則以防疾於未發爲主。醫學則以於已發之病。醫治以除其毒害爲主。其目的雖同。然達其目的之方法自異。至考倫理之實際。非止豫防罪惡。且於罪惡既發之後。當矯正而消滅之。然止豫防罪惡。或矯正罪惡。仍非倫理之大目的。必使人民咸向於善。期罪惡之不發。方爲極點也。於法律則祇劃定權利義務之界限。使各不得侵犯他人之權利爲止。雖其中亦有豫防罪惡。及增加國家幸福之目的。然其所以施行之者。則只在判斷權利之紛爭。及裁制各人之罪惡已耳。

考案

一宗教倫理法律。其對於社會之關係如何。

二請論倫理與法律之關係。

第十七章　社會倫理　訴訟論下

倫理與法律。既相助而增加幸福。蓋一則防紛爭於未然。一則判紛爭於既發者也。自倫理而論。固欲其無所紛爭。然考之實際。紛爭究爲不可免之事。故處置之方法。及善後之策略。又非無研究之一值也。

於此甲乙相爭。先必有所謂講和者。使丙立於二者之間。熟慮其異同。比較其利害。以判別其曲直。若甲乙皆服丙言。則紛爭可息。若其中之一人不服丙言。此外無圜轉之術。則必提出法庭。以法律之標準。而仰判官之裁斷。此之謂訟訴。彼申訴之人。即自認爲被害者。欲以訟訴而恢復其害。是謂原告。由原告而認爲加害者。是謂被告。且法庭又有各種階級。有縣裁判所。府裁判所。控訴院。大審院。各種之法庭。則有各殊之目的。縣裁判所。以勸解爲主。調停原被兩告。務訟獄事件之減少者也。府裁判所者。管理一切訟事者也。若訴訟人不服其判決。可得上告之控訴院。更不服控訴院之判決。可得上告之大審院。而仰其判定。大審院者即最高等之法庭。而爲國家之機關。此外並無質別邪正之地者也。由此觀之。處理紛爭。不外講和與訴訟。然二者各有利害。述之如左。

講和者。不公示紛爭之事。祇數人之親戚。或交厚之朋友。調和而折衷之。一以避爲他人所知之恥辱。一以朋友親戚。熟知内情。不偏於道理。不徇於人情。使各得滿足。是講和之所以有利也。然狡獪之徒。藉居間調停之名。而從中漁利者。亦復不少。或居間者辯舌縱横。議論切迫。服人之口。不能服人之心。理屈詞窮。因此吃虧者。所在多有。外雖調和。内實怨憤。流毒社交。其害不少。如古代法律之不完備。則無待言。然至今日法律。如此其明晰。且有辯護士之組織。若有紛爭。當捨曖昧之講和。質之法庭。以受公正之判斷。無使遺憾於他日。方爲倫理上之道德。然於本有交情之人。動訴法庭。至相決裂。於情究有所不忍。且有煩擾法庭之恐。吾人當又以和睦爲主。力避訴訟爲宜也。

夫文明之進步。訴訟隨而增加。又決非人情之傾於惡薄也。蓋交涉既進複雜。紛爭即從此而增。吾人生斯社會。斷不能抵抗大勢。則不可不講防禍未然之策。其策維何。即明交情與權利之區別而已。交情者以盛情與禮義爲基礎。至各人相互之間。有權利義務。則當於倫理法律之範圍。計己之利害爲基礎。故交情雖厚。然關於利害之事。固不可不於法律上。立正式之條約。如因一時交情之熱。貸以金錢。後有違言。動生藤葛。憾恨之餘。怨毒自生。怨毒一生。必來傾軋。以一言之界限。偶不分明。而社會之秩序。因之紊亂。可不懼耶。故雖如何親切。苟關利害。須明定界限。且立證據。以備他日提出法庭之用。蓋欲不陷他人於罪惡。須先求不被害於他人。非謂獎勵訟獄。實維持社會之秩序。實有不得不爾者也。

考案

一請說講和與訴訟之得失。

二訴訟與倫理之關係如何。
三交情與權利之關係如何。

第十八章　社會倫理　娛樂論

吾人人類。實生息於勞苦勤勉與娛樂安息之間。兩者不可缺其一苟有人徒費時日於勞苦。而無安息之暇。終必精神衰弱。身體疲勞。失勤勉之力。而蒙損害。苟有人日求娛樂。不事勤勞。終必游手好閑。不能自立於社會潮流之中。故須選定勤勞與娛樂之種類。及勤勞與娛樂之比例。務得其宜。不偏於一方。斯爲至要耳。且娛樂者。與人類終局之目的以俱存者也。夫自朝至暮。自壯至老。形役其心。勞苦其軀者。總不出求娛樂之一念。獎勵娛樂。却有與獎勵勤勉相矛盾之勢。不知理非一端。言各有當。譬之毒物。有時可爲藥品。或本同一物。而因其分量之多少。一爲毒物而可以死人。一爲藥品而可以療病。娛樂之於人。亦然。若誤其分量不適於度。雖可使人流於怠惰。苟適其度。非獨活潑心意之運動。且養成進取之精神然適度之果爲如何。固叉不可不深察耳。

勤勞與娛樂之關係。恰與平準上收入與支出之關係等。若一家之支出。踰於收入。則生計日蹙。終至破家。若收支僅足相償。家計雖暫可支持。然無蓄積之餘裕。終無以隆家道而長子孫。若收入踰支出時。則揮霍裕如。從其人之所好。得營私利而謀公益。是勤勞即收入。娛樂即支出。娛樂多於勤勞。其涸固可立而待。即勤勞與娛樂得相平均。亦終無以自立。故不可不使勤勞踰於娛樂。踰於勤勞之娛樂。乃眞娛樂也。娛樂之適度。亦即此也。

考案

一娛樂之性質如何。

二如何方爲娛樂之適度。

三試以平準上之收入支出。比例勤勞娛樂。

第十九章　社會倫理　獻身論

孟子曰。魚我所欲也。熊掌亦我所欲也。二者不得可兼。舍魚而取熊掌也。生亦我所欲也。義亦我所欲也。二者不可得兼。舍生而取義也。生亦我所欲。所欲有甚於生者。故不爲苟得也。死亦我所惡。所惡有甚於死者。故患有所不辟也。比較清楚。指點直捷。吾人觀此。可以興矣。

人爲萬物之靈。動物界中。不問何物。其幸福靡有能勝人類者。人皆好生惡死。凡磨煉才器。增長知識。一切行爲。無非所以安全其生命。故苟有妨礙生命者。自爲『人生之大敵』。必全力以撲滅之。使其靡有孑遺。雖然、生命雖可寶貴。然不可不爲幸福之生命。譬之流質。苟凝結而失流動之性。是非流質。人而不能保存其幸福。是既失生命之本質。所謂虛生人世。即謂世界中直無此人。亦無不可。

保存生命。雖如斯重要。然吾人之生命。非可獨立而生存。遠則有祖先之遺傳。近則有父母之恩愛。小則有親戚朋友之親愛。廣則有社會全體之扶助。始得生長於安全之域。故受恩不可忘。不可失報恩之機會。然則一身之生命。雖極貴重。或爲祖先。或爲父母。或爲親戚朋友。或爲社會全體。苟有獻身之必要。固不可愛惜身命。以供其犧牲。語曰。殺身成仁。爲仁之至。此之謂也。

雖然、獻身者。非必殺身之謂。殺私欲而爲他人犧牲己之幸福。不惜勞苦。不計毀譽。以謀公益。皆可謂爲獻身之事業。然欲獻一身以求益於世。則當先爲準備。如才幹、學識、决心等。皆爲獻身之材料。故青年之士當爲學之始。不可徒求淵博。以沽名譽。或束身寡過以自足。必以己之所得。出而經世濟民爲目的。蓋即情理而論。雖當先利己。然自終局之目的而論。則不可不以利人爲要。且利人之大小。必以其學所得之大小爲比例。則少年之時。不可不放擲萬事。專心學業。內以求一己之成材。外以爲廣公益之準備。是即以利己而爲利人之基礎也。

考案

一孟子之所謂獻身論如何。

二請言所以獻身之故。

三利己主義。與利人主義。有相矛盾否。

第二十章　社會倫理　生命論

生命之貴重。既如前述。故雖下等動物。亦力求保全其生命。一切舉動。總不出此目的之外。至人類則不無少異蓋有精神之作用。有同情。有名譽心。有正義。故寧萬死。不欲維持此不德義不名譽之生命。或有時捨生命而爲社會。此人之所以優於下等動物者也。然殺身成仁者。權而非常。常道則各全其生命。以助社會。此『生命不可犯』之格言。所由來也。故若無理而危他人之生命。非獨被害者有防禦之權。社會全體。對於此人。亦有防禦之權。是謂國家之權利。是害人者非獨犯個人之權利。且犯國家之權利。其爲德義上之罪人。固無待言。亦即爲國家之罪人。國家即有以懲處之者也。

考古今之歷史。重視生命之程度。固非一例。大約文明之程度愈進者。其重生命之程度愈高。如未開之世。殘忍以殺敵。不獨不議其非。却有獎勵之之勢。又如刑法。動處死刑。固不必論。且有誅五族九族之例。此外凌遲車裂。種種異聞。然文明進步而後。盡力之所能及。以避殺戮之慘。即至罪人。亦不妄加死刑。今歐洲已有全廢死刑之國。且生命爲天然之賜。微獨他人不可加害。即自己之生命。亦不可妄自戕賊。此自殺者所以爲不道德也。夫人之罪惡雖多。然大别其結果。不外三種。第一爲所及於社會之惡害。第二被害者之怨恨。第三由悔悟而生之痛心。彼自殺者雖得除去第三之痛心。然第一之惡果依然存在。故人苟能悔悟罪惡。當益修養身心。求回復罪惡之道。豈可自尋短見。益增罪惡耶。

又復讐一事。爲東洋道德之一種。夫雪死者之恨。消生者之怨。本極快心之事。然在古代之國家。其組織不完全。以復讐爲豫防加害之一法。至今日處置罪人。政府自任其責。如直接復讐。德義之所不許。亦法律之所禁。故若爲私交上之忿怨。害他人而犯國法。是謂忿怨之誤用。固不可不愼也。

基督教之一派。普連士宗以生命貴重之故。至論戰時亦不必服兵役。此固極端之論。蓋一人之生命雖貴。然終不能比國家之生命。故一有戰事。應政府之徵集。爲國家而戰守。即爲國民之義務。蓋國家之所關甚大。個人之利害。有所弗顧也。至擊襲敵國之當否。則詳國際倫理之篇。茲不具詳。

彼主張全廢死刑之論者。其理由有四。一謂生命不可犯。二不能保判官之無謬誤。三即有死刑。罪人未嘗減少。四死刑之慘酷。文明人所不忍。是等思想。非無至理。然細思國家之貴重。其理仍未完全。彼謂生命不可犯。苟有日執兇器。橫行社會。使生命財產。俱不安穩。民不安堵。其禍不可勝言。故殺一警百。有何不可。至判官之判決。有時非無謬誤。然於重大案情。動經數十人之手。鄭重周詳。乃始判決。此事慮之野蠻國土則可。然文明社會。恐未必其如何鹵莽也。

考案 一

一有比生命而尤貴重者乎。

二生命之貴重。與文明之關係如何。

三請自倫理上論自殺。

四問復讐之義當否如何。

第二十一章　社會倫理　財產論

財產者何也。凡斯物品。有隨我意而得使用之權利。指其物品。即云財產。其貴重次於生命。故法律有言。財產不可犯。財產之種類不一。然自權利分之。則有所有權。用益權。賃借權等。所有權者。謂得自由使用其物品。收益及處分之權利。用益權者。所有權雖屬他人。然無復其原質及本體。有期而使用及收益之權利。賃借權者。以賃錢而使用他人所有品之權利。是也。至其詳細。則讓之法律學。就其物品而區別。一爲有形財產。其中分動產與不動產兩種。二爲無形財產。如特許權。服權。商標權等。由此觀之。吾人之財產。一如生命之不能獨立。固可知矣。

至論財產之起原。其說不一。或謂財產者。本夫人之天性而起。或謂以人爲之法律而觀定。或謂雖本夫人之天性。然仍自其人之勞苦而得。或謂占領未屬他人之物而得所有權。說雖互歧。然不問其起源之如何。苟吾人之財產。爲社會所公認者。則相互之間。自有對財產之義務。對他人財產。守不侵犯之義務。固爲倫理上之義務。亦法律上貴重之義務。又即社會秩序之基礎也。然自國家對個人時。苟爲公益而出於不得已。則有以適當之方法。而要求其移財產於他處之權利。故財產在私權中。雖爲最重。然對國家則不能爲無上之權利。

然則吾人於自己之財產。有如何權利乎。財產既爲吾有。固得隨意而使用。即與之他人。亦無不可。故有讓與之權。施與之權。分遺產於親屬之權。讓與者。關於賣買之事。以交換爲主。各執商品。以相當之市價定交換之標準。而互相賣買者也。無詐無虞。本無忽獲大利。忽招大損之理。然由種種之原因。損益遂至大相懸絕。此財產分配。不能平均之一原因也。至施與之事。既詳於慈善論。此不復贅。若遺產則乙對甲雖無要求之權利。然乙對於社會。有受甲遺產之權利。東洋之俗。大約傳之子孫。然歐美則不盡然。事雖微細。然於國民獨立之性。未始無關係於其間也。

世之論者。以貧富之不均。或欲全廢私有財產之制。謂一切財產。當其有之。即因各人之勤勞以爲分配。然苟有餘贏。不許私自貯蓄。復歸之公。此意非云不善。然私產之積蓄。所以獎勵人心。若行公產之制。人將陷於怠惰。無可救藥。況私有財產。實發達於自然。非法律所制定。出於人情之自然。國家雖如何勢力。未易矯而正之也。將來社會愈進。人智愈開。此制可行。固未可定。然現今知識之程度。則如此。古來慣習之入人深則如彼。若强行此制。是亂天下也。唯於財產分配之法。則不可不盡力之所及。以求分配公平之道。此法現爲平準學上一大問題。有志者所亟宜研究也。

考案

一 請說財產之定義。及其區別。

二 盡舉財產起原之說。

三對財產之權利義務如何。

四共產之說可實行否。

第二十二章　國家倫理　國家組織

國家與社會。雖相似而實非。前章既已詳述。蓋社會之範圍。不能一定。小自親戚朋友之集合。大至人類全體。皆云人類社會。人情之所通。必有社會之存。至國家則不然。有一定之組織。於國民中同其利害者雖多。然此國與彼國之間。則時異其利害。故國家成立之基礎。一則求人民之幸福安寧。一則有以防敵國外患。世人動以國家之利害。混同人類社會之利害。不知人類最重之義務。却在增加國家之幸福也。

或謂國家之範圍狹隘。不足爲吾人最大之目的。不可不以增加人類社會之幸福爲目的。如宗教中佛教基督教回教等。或祇研學理。力主世界主義。其理非不高深。然關於國家與社會之組織、究難實行。若盡人捨國家之利害。而求人類社會之利害。非徒無益。不亂天下不止。故吾人當以組織國家之團體爲根據。因其團體。以徐謀人類社會之利益。方不紊秩序耳。

凡國家之成立。有國民之資格者。不可不明組織國家之政體。及國家之目的。夫國民之資格。或因國法而定。或起於自然。前者與本章所論之旨無涉。姑不具論。請言後者。國民自然之資格爲何。同一人種。同一言語。同一風俗。且同過去若干年之歷史是也。若無此資格。即成立一國。其組織薄弱。不能爲强固之國家。故即新得屬國。新闢殖民地。尤須有使是等人民。同化於本國臣民之勢力。

至政體之種類。則有神政體。君主政體。立憲君主政體。共和政體等之別。神政體者。以神爲一國之主權者。君主政體。則於人類中定一君主。尊之爲國王。立憲君主政體。則立國家之憲法。使君民共守之。共和政體。則以國民之公論而施政治。以憲法爲主。無君民之別。皆得參與政治者也。至其詳細。一讀歷史及政治學。當可盡悉矣。

若國家之目的。其論各殊。或謂國家之利害。最爲重大於個人之利害。殆不足計。或以個人之利害爲主。謂國家不過爲保護人民之機關。或謂國家者祇以法律而保護人民之權利義務。凡所云云。要皆一偏之論。蓋國家之目的。非獨計國民之安寧。且當求發達國民之道者也。今日萬國並列。競爭方劇。即爲人類進步之階梯。然欲謀人類之發達。非先求國民之發達不可。

考案

一問國家與社會之區別。

二國民之資格如何。

第二十三章　國家倫理　國民相互之關係

既有國家。必有一定之組織。有君主。有臣民。臣民相互之間。亦各有界限。自甲對乙而有權利。又自乙對甲。有對於權利之義務。臣民相互之關係。即此義也。人類相集而成一社會。各人之德義才能財產等。多寡不同。即於社會中。有各異其位置之勢。然社會之需要隨時勢而變遷或時重勇力。或時重才智。或時重全力。是由社會之需要。與個人之資格。而定各人對社會之位置。如在亂世。則勇力過人者。占上流之地位。商業之世。則富於財產者。居上等之階級是也。

社會既進複雜。社會之需要。與個人之資格。其數亦必增加。如甲之勇力雖優於乙。然才能不能無少劣。乙之才能。比丙雖有所優。於勇力則未必同等。故自非超越人羣者。個人之間。頗難分別上下。惟有此事則甲優於乙。彼事則乙劣於丙之區別而已。於是各挾所有。以應他人之需。有以應之。必有所以酬之故社會之中。有需要。有供給。有報酬。循環無端。運動不已。各人相互之關係，遂益深遠綿密。而不可以言語形容。

然供給與報酬。本無定律。若放任其自然。則或費多量之勞働。而受僅少之報酬。或受極多之報酬。而費有限之勞力。故不得不以國家之權力。使勞苦與報酬之關係。務得平均。由此關係。遂生權利義務。或關生命。或關財產。或關名譽。或關身分種類雖各殊。然法律家於權利義務。大別爲物權人權兩種。人權云者。甲對於乙。就某種之人。而要求某事之權利。物權云者。或於某事。拒絕他人干涉之權利。又如對他人之生命財產名譽。有不可侵犯之義務等。至其詳細。後章更有所論。此不具詳。

考案

一問社會之需用與各人之位置。其關係如何。

二權利與義務之起原如何。

第二十四章　國家倫理　納稅與兵役之義務

爲國民者。皆有納稅之義務。不問何國。其運用機關。皆須鉅費。然此等費用。國家不能自生。故不可不以人民之租稅。而充此費用。故租稅爲萬國所共有。蓋有支出而無收入。國家之成立。卒不可支也。或論納稅之義。謂人民以此稅租爲政府保護人民之報酬。不知此事。乃國民對國家之義務。謂報酬者。乃謬見也。

夫人類相集而爲社會。又於社會之中。以權力法律而組織團體。是謂國家。已如上述。然或以國家爲一商店。爲一公司。以契約而成。此說一時盛行歐洲。然詳細考求。仍爲極端之論。蓋吾人生於國家成立之後。即生而有爲國家臣民之性質。若謂國家與臣民之關係。由契約而成。則有生以前。既有此契約。其非以吾人之心意而訂結可知。足對國家之義務。已從先天而有所得者也。

由此言之。納稅之義務。實與有生以俱來。故因夫財產之多寡。及其職業之如何。當從法律之規定。納適當之租稅於國家。然臣民雖對國家而納稅。而國家即保護臣民之權利。以謀其安全。驟觀雖似報酬。然保護臣民。實爲國家之義務。國家亦不外對臣民而盡此義務焉耳。

至兵役亦然。夫國家雖已成立。然小則有內亂。大則有外患。二者俱藉兵力以爲抵抗。然兵從何出。出此者。即國民之義務。

故歐洲各國。凡男子之既達丁年者。皆應徵兵。或定一年限。習練兵事。苟有緩急。

爲國家而服軍務。持極端之論者。謂凡爲國民。不問男女老幼。皆當舉而爲兵。然婦孺老弱。究不適於用。非獨無功。却有妨害。故於男子之中。彼有疾病及爲孤子等。仍免其兵役。蓋王道不外人情。固不可執一端而論也。且兵役雖各盡義務。然軍人即爲國民之代表。故當其役者。對國民固負責任。且因此而有名譽。故一切舉動。當顧名譽而重責任。以力盡此義務。蓋苟有耻辱。非一人之耻辱。乃國民之耻辱。可不慎哉。

考案

一試論民約說之是否。

二歐洲之兵制如何。

第二十五章　國家倫理　釋權利義務

人自賦形而後。日漸成長。隨其心之所欲。以運用其肢體。進退趣趨。皆得自由。雖然、人固有欲望。且有天性。雖一切舉動。雖極自由。然不免爲欲望與天性所拘制。

譬我欲食所嗜之物。雖從其心所欲。然有欲養生之天性。故有礙衛生之品。先自禁節。又有時事極快意。然於後日之生存。大有妨害。遂從所謂保存己身之性。慮將來之危險。而捨一時之快樂。此出於人情之自然。固不必強求者也。

故有此保存己身之天性。身體雖極自由。而爲天性所制。實祇於一定之範圍。得身體之自由而已。又人有社會性。其與朋友交之情。與欲保己身之性無異。有時圖一人之快樂。或恐招朋友之謗。或失朋友之義。遂制節其嗜欲。以厚交情。此亦天性之用有以制之也。

孟子曰。辭讓之心。爲禮之端。所謂權利義務者。亦不外由此而起。權利義務云者。本法律上所用之詞。然道德上亦往往用之。於道德上而用法律之語者。蓋其本固與法律思想而發達者也。先明法律思想。則倫理思想。亦自瞭然矣。

所謂權利者何也。此雖無形存於吾人精神之中。然亦非一人思想造作而出。實爲萬民所共有。故即謂爲有生之契約。亦無不可。權利與義務。兩者不可分離。甲對乙苟有權利。乙對甲即有義務。如上下之相關。東西之相屬。有其一必有其二者也。權利者實於不昧本能。不背法律。不反人情。而實行我心所欲之範圍也。我所有物。我有自由使用之權利。即他人於我之所有物。有不可侵犯之義務。苟有人於此。於我所有之物。不經我之許諾。妄自使用。漫爲消費。是人即侵我權利。我得指彼爲犯人。如有甲乙於此。甲以一日若干之工金而僱乙。乙爲甲所僱。即甲有使乙之權利。而乙即有服甲命令之義務。由此而推。又乙對甲有請求工金之權利。甲對乙有授與俸給之義務。此個人相互之間。權利義務之所以起也。

權利義務之關係如斯。法律家分爲物權人權兩種。指物權爲普通權利。是個人對於社會全體之權利也。如自己之身體財產名譽。不經本人之承諾。則不許他人之干涉。是爲個人對社會之特權。社會全體。即於其身體財產名譽。有不能漫加損害之義務。故隨意取用他人之物。或爭鬬而傷人。或揭發陰私。毀人名譽等。皆謂之侵人權利。於法律上倫理上皆認爲罪惡者也。

人權者個人與個人之間。由契約而生之權利義務也。如僱主與僱人。賣者與買者。此外一切契約。於履行契約之前。權利義務必存夫兩者之間者也此等權利義務。祇存夫互結契約之人。故謂爲特殊權利。

且權利又有公權私權之别。公權者即爲國家與人民之權利。如政府對人民。或事出於不得已。命其搬移家屋。或命其割財産之一部。以供要需等。及人民對政府要求其保護等。皆謂之公權。私權者存夫個人與個人之間。其中有物權人權。如財産法之權利。則爲物權。要求其無負契約。則爲人權。

權利義務之區别。既如上述。雖皆爲法律上之事。然應用於道德上。理亦相通。如子之對親。有服從及保護之義務。於朋友則有以信相交之義務。於國民全體。則有公益之義務。於東洋之道德。無所謂權利義務思想。祇以人所應爲之事。奬勵其實行。西洋之道德。上古時本與東洋無異。及至中古。被羅馬法之影響。應用法律思想於道德。於法律上所謂權利義務之語。亦用之於道德上。雖然、道德與法律相似之處雖多或於一事以法律上之語用之道德上之事。初無窒礙。然所謂權利義務者。有自外而迫其實行之勢。至道德之所以爲道德者。非自外而迫脅。乃自內部之思想。出於自然者。故不無斟酌於其間耳。

考案

一試舉制限吾人行爲之天性。

二權利與義務之關係如何。

三問物權與人權之別。

四問公權與私權之別。

五於倫理上可用權利義務之語否。

第二十六章　國家倫理　責任論

夫人爲萬物之靈。實有動物植物等。所不能有之奥妙。不可思議之靈性者也。其靈性之發現。或爲高等思想。或爲美術詩歌。或爲仁義道德。其意思要皆自由者不觀夫天然物乎。其物有情性。欲使之動。則無時或息。欲使之止。則便即停留。斷無自由運動之理。此研究物理學者所共知也。至於植物則雖自內有發生之力。而於外無運用之能。若動物則雖由內部之衝動。而或飛或走。或跳或舞。然自心理學考之。則其運動皆有一定之法則。故其求食而動。則只由取之之一念。見敵而逃。則只由恐怖之一念。初無操縱作用於其間也。

然人類之運動。及所以運動之精神。則極複雜。非他人所能豫知。一切舉動。非被制於外部之事情。皆由思想自由內部之決心而出。故因其思想行爲而生結果。其結果之善與不善。即爲其人之功與過所由分。功過之所存。即爲其人之責任。

今有人於此。從他人之命令而建築屋宇。然其建築之方法。只受之他人。非其所自出。故即建築不得其宜。貽害住者。仍非其人之責任。乃命令者之責任。何則、命命者以自己自由之意思。而繪爲圖說。使之建築。受令者祇實行他人之命令。非自由意思之行爲。故不任受其責也。

或於此而有技師。自以己意築一橋。開一路。其法不得其宜。致礙行人。是其責任。全在技師。然此技師置若罔聞。不以爲意。其不重責任之結果。遂失社會之信用。此後之所言所行。必不見重於社會。即於將來之社會。删削自己之勢力。而無以自立

故人欲於社會上擴張勢力。則不可不維持自己之名譽與信用。然欲維持名譽信用。則必先自重責任始。故於自己心意所出之行爲。苟有利社會。則所有名譽。固居之不疑。否則當自任其責。力爲補救。不可妄爲推諉。如此方得爲社會之健全個人。及國家之健全國民也。

今自政治上言之。夫政體有種種。有君主獨裁。或貴族政治。或立憲政治。其詳雖非一言所能盡。今試就人民之責任。與政體之關係。略爲說明。彼君主獨裁之制。國家爲君主私有物。君主之意思。即爲國家之法律制度。故國家一切舉動。皆由

君主之自由思想而發。人民則祇聽君主之命令而實行。其事之得宜與否。全爲君主一身之責任。非人民之責任。故於獨裁政體。凡事關國家者。人民實立於全無責任之地者也。

於貴族政體。非以君主之自由思想而統治國家。其權常在一二之貴族。故國家行爲之責任。不在君主。不歸人民。祇在有全權之貴族而已。

至立憲政體。則萬事皆本憲法。故其法律與政府。其所出之意思。非自君主。又非貴族。全自國民而出。其政府之施行法律。實不過實行國民所出之意思。一如建築者實行繪圖者之意思。其得宜與否。責任不在建築者。而在繪圖者也。故立憲國之國民。其言論不苟。苟有意見。必求所以實行。蓋其言論即爲法律。一爲法律。全國所關也。

考案

一人之所以異於動物者何如。

二責任與自由意思之關係若何。

三請言國家行爲之責任。與政體之關係。

第二十七章 國家倫理 國際倫理

一國民對他國民之關係。恰如一家族。對他家族。故一國與他國之間。其倫理之存。亦如個人與個人。但個人與個人之間。人情互有交通。故有倫理亦大發達。然國家與國家之間。交通有限。故其發達。亦頗遲緩。此理勢所迫。有以致此也。觀之西洋。於希臘極盛時代。個人之倫理。燦然大備。至國民與國民之倫理。殆無聞焉。至於東洋倫理。觀其四海之內。皆兄弟也之語。則個人之倫理。固無俟言。即於異人種之間。亦如有倫理之存在。而不知其所謂四海者。非如今日之所謂世界萬國也。故不問何國。當古代時。皆以本國爲神聖。目異種之人。或名野蠻。或名夷狄殘忍殺戮。殆無所謂道德者。然人情漸熟。謂其人種雖異。而其爲人類則同。復以交際漸繁。熟知人情之相去。大抵不遠。於是國家與國家之間。遂至有國際

法之觀念

國際法者。非如國法之由立法部决議而施行者也。實不外國家與國家。以相互之承諾。而生倫理之一種。譬於此有一强國。擴張權力。壓迫他國。彼有關係之各國。聯合而遏抑之。以防其一國併吞數國之患。於國際上謂之權力平均。此雖非明定法律。然現今之强國。互相承認。則背此規則者。必爲他國所不許也。

觀今日國際上之道德。亦漸有發達之機。如萬國和平會議。欲全廢戰爭。及國際之爭論。欲以協議而决斷等。雖於國際上未得信用。然其方法。亦有力除慘酷之勢。如赤十字會之設於各國。及禁用毒烟火藥等。皆其明效大驗也。

更自實用上言之。如科學之智識。工藝之機械。及文學法律平準之學理。雖其應用之處。因國而少異。然至智識器械。則萬國可準。故於一國民所發明之事。公之萬國。使咸得採用。絕無芥蒂於其間。故思想之交換。及發明品之交換。益加親密。有使人類全體。成一家族之勢。

考案

一個人倫理。與國際倫理之相異何如。

二問國際法之性質。

三試推論國際倫理之將來。

第二十八章　國家倫理　人類全體與國家之關係

凡人有生而後。必附屬於一國家。生於中國。則爲中國人。生於英國。則爲英國人。生於日本。則爲日本人。藉其國之保護。以生以長。受國家之恩既厚。固不可不爲將來獨立之一國民。盡力於其國。以爲報酬也。

現今日世界之大勢。凡號稱一國。必有主權者。主權者固不可從屬他國。必獨立不羈。乃可稱爲獨立國。今日世界之獨立國。皆有同等之權利。互謀權利之擴張。故今日之所謂一國民。一國家。一團體。皆日謀其國之興盛。時有害他國以利本國之事。以此而比之個人倫理。其道德之觀念。非獨未嘗發達。殆與野蠻人之道德。初無以異。

其競爭權利時。雖弱肉强食。殆全無道德之心。然至個人之交際。則互相親睦。揖讓握手。殆忘英人美人德人日本人中國人之區別。至於學問亦然。德國所發明之學理。直應用之美國。美國所發明之機械。直應用之歐洲。日本之美術。英人美人。亦大讚賞。於國民之界限。殆爲相忘。由此言之。人雖有同情。而國有界限。故國界既分。則求所以增加本國之利益。擴張本國之獨立權者。謂爲人類進化之一階級。亦無不可。凡爲今日之人類。居今日之國家。一意專心。謀國家之繁榮。以助人類之進化。即爲正道。此國家主義所由來也。

雖然。所謂國家人類世界者。其名雖殊。其物則一。聚地球上之人類。合而成一大國家。一大國民。俱未可必。但至何時而始見。則以今日之知識。固未可豫決耳。

考案

一 今日國民之要務何如。

二將來人類合而成一大國民。試演其義。

第二十九章　國家倫理　政府與人民之關係

凡立一國。必有治者與被治者。其治之之法不同。遂或爲君主獨裁政體。或爲貴族政體。或爲立憲政體。或爲共和政體。日本者立憲政體之國也。以憲法而統治全國。上自國君。下至人民。皆從其憲法之所定。各守其分界。而盡其義務者也。然雖同是憲法。或爲欽定。或爲民定。或爲君民同定。釐然各異。日本之憲法。即自人民而制定。請國王之許諾者也。至施行政治之所。則分立法部。行政部。司法部。加以兵馬權。實爲國家之四大權。立法部者。爲制定法律之所。自貴族及庶民兩議院而成之國會是也。貴族院之議員。一由皇帝之勅選。一由貴族之互選。一自多額納稅者之中而選出。至庶民院之議員。則自代表國民之代議士而成。此兩院者。即代表國民各種人物之集合處也。於此而議定法律。凡經兩議院之决議。即視爲全國人民之意向。由是奏之國王。即有法律之效力。然法律雖有效力。苟無使用之者。則法律仍與空文無異。故有行政政府以實行之行政政府者。即普通所謂政府。其最高等之府即云內閣。內閣者自總理大臣。及各務大臣而成。於內閣而議國家行政之事。及議實行法律之法。以命之各省。使各省分司國家之政務。此外復有樞密院。此院者即爲皇帝之顧問官。而議各種重要之事者也。

司法省者。專司法律之實行者也。法律本極複雜。非專門之法律家。未易解釋其意義。故於司法省之內。有裁判所。控訴院。大審院等。各法官者解釋各種法律。使不相矛盾。且使其無舞文曲法。而使其實行者也。

由是觀之。政府之所以治其人民者。皆依法律。然法律者。從人民之意見以制定。畢竟人民者。以自己之意向而管理自己者也。此之謂自治之民。

故政治之善與不善。雖與行政官之賢否。少有關係。然其大本。則全因人民意向之如何而爲上下者也。故一切人民。當深通現時政治之事情。或自爲論議。或舉己所信用之代議士。以圖改良。以求進步。不然非獨自負責任。抑亦戕賊國家生命之大罪惡也。

考案

一請說憲法成立之差別。

二自治之民者何也。

第三十章　國家倫理　人民階級論

凡國民必有各種階級。如日本維新以前。則立士農工商之別。迨後廢此制度。分華族士族平民三級。於華族之中。又分爲公侯伯子男五爵。即英國德國。莫不皆然。獨至美國所謂平等主義。無此階級。即或爲大統領。或爲國會議員。然罷職而後。又復平民。又中國則以科舉取士。布衣可致公卿。雖其間有世襲恩蔭等。然究其實。仍無階級之別也。

階級之生。原有兩種。第一爲政府所制定、分民人爲數等。如士農工商之別是也。

此種階級。以人力而强爲區別。決非文明國之行爲。一爲自然發達之階級。如貴族平民之別是也。貴族之起原。凡有勳勞於國者。與以爵位。復加恩推愛。及其子孫。使相傳勿替。此貴族之階級所由生。如貴族平民之別。將來之社會。不得而知。然考之今日。及歷史之結果。固不可驟廢。即欲改良。亦當求一適當之法。逐漸以轉移之也。

此外更於社會發達上。勢有必至者。即富者與貧者之別是也。凡實業之益盛。資本家愈爲資本家。勞働者更爲勞働者。富者益富。貧者益貧。觀今日歐美貧富之懸絕。可爲寒心。雖社會學者。日講防禦之策。或欲以實業之機關。置之國家監督之下。務使平均。（即今日所謂國家社會主義）或欲結勞働之會。以抵抗資本家。種種方法。究未得一切實可行之策也。

貧富懸絕之害。由社會上遂漸延於政治上。蓋考社會實際。及歷史發達。富者常位上流、貧者恒居下流。然富者未必盡爲善人。咸爲智士。然以富於財產之故。一國之政治教育及一切事務至爲其所左右。即國家之運命。係於若輩之手。故於國家制度。不可不設優待智者之法。使大權不至全歸富者之手。方爲無弊也。

考案

一國民階級之起原如何

二試論貧富懸絕之害。

第三十一章　國家倫理　所謂國民之觀念

國民者即住於一國之內。戴一政府之團體也。然非謂成一團體。便爲國民。必經數百年或數千年之發達。及其歷史之遺傳。乃始結成。譬如日本人住居日本郡島。其種族大約相同。即有異種。亦同化之而爲同族。及同一言語。同一風俗。發達數千年。始得謂之國民。

至歐洲則異種族之人類。所集合之處。故其中之國民。或自比較上。稍同一之種族而成一國民者。或雖自異種族而成。然歲月既久。遂化而爲一種族者。或種族互異。始終不能同化者。如斯國民。雖住居於一政府之下。然以異種族之故。動生衝突、國家時有分裂之虞、故歐洲學者。謂今日文明益進。國家與國家之競爭當可少減。而種族與種族之間、其競爭當益劇烈云。

由此觀之。所謂國民者、固須團結於一政府之下。然必同一種族。相爲團結者。方爲鞏固。蓋種族一異。則言語風俗。必不相同、言語風俗。苟不相同。利害思想。亦必互異。利於此族者。不利於彼族、勢必紛爭。紛爭之極。必相排斥。排斥之念一生。雖有極賢明極聰慧之政治家、以調和於其間、不至分裂不止。一讀世界之歷史。當恍然於其故矣。

考案

一國民者如何而成立乎。

二種族與國民之關係。

中等教育倫理學前編終

中等教育倫理學後編

日本　元良勇次郎　著
順德　麥鼎華公立　譯

第三十二章　思想倫理　生存競爭與德義之關係

吾人之生存斯世。以求衣食爲第一要義。次之則相集而成社會。故人於衣食住三者。苟不感缺乏。必以互守禮義。交相往來。爲無上之快樂。然苟貧乏迫於饑寒。則反乎人情。放棄禮節。甚至爭奪相殺。以爲人患。事所不免。此社會全體之狀態。亦即吾人所當留意者也。

凡有生命。必有保存生命之性。故各於一定之範圍。盡力之所及。防敵以避害。求食以存生。此生物學之通則也。人亦爲生物之一種。故亦不能出此通則之外。但古代之人類尚少。土地廣漠。各維持其生命。尚非困難。至人類漸繁。土地漸狹。食物漸覺缺乏。賚多量之勞苦。始得自存。故或恃武力。侵奪他人。以保自己之生命。

勢所必至。於是互生衝突。卒至競爭。此生存競爭之所以起也。

使人類僅有衣食住之欲望。無他種之欲望。則弱肉强食。弱者立即滅亡。惟人類非獨以衣食住爲滿足欲望。此外更有交際之欲望。名譽之欲望等。故於衣食住苟適其度。必轉欲望之方向。以求滿足社會上之欲望。故非獨不侵害他人。且求與衆樂之之法。於是聖人爲之制爲禮法。或說仁義。或言道德。蓋一則所以防人心之澆漓。一則所以求人情之發達者也。

然古昔時。無今日吾人所謂社會之觀念。故所言論。半皆私德。於公德極少發揮。

夫吾人之所謂社會者。非只多數人類之集合。實成一有生機體。其消長興廢。全視乎個人之生活。及政治教育商工業等之舉動以爲衡。故私德固屬握要。然於助社會進化之所謂公德。實不可缺。公德之基礎爲何。即增加社會之幸福是。

然則生存競爭。固人類所不免。爲求衣食住。所謂個人之競爭者。只强弱之競爭。

然於國家成立之後。凡一切競爭。非祇爭強弱。必以國家永遠之利害爲標準。而爲競爭。故於政治上有意見之競爭。又與國之間有國際之競爭。力制利己之競爭。勉求爲國之競爭。此之謂公德。

考案

一問生存競爭之起原。

二所謂公德者何。

第三十三章　思想倫理　保存自己之理法及其限制

避禍就福者爲生物之本能。草木之生長。動物之增殖。人類社會之發達。莫不由此原動力而生。故自保存生命之性。遂發而爲有利則取。有害則捨之理法。然氣候風土。於生物之長成。大有關係。彼助其生長者。固無待言。至妨其生長。則必力爲抵抗。以保其生命。故有抵抗之力者則繁興。否則滅亡。優者勝而劣者敗。是之謂自然淘汰。更生物之間。互相競爭。強者壓抑弱者。強者益孳乳而繁多。弱者漸衰萎而消滅。此又進化之原則也。

考之世界歷史、人類亦與一切生物等。同循優勝劣敗之理法。而爲文明之進化。然下等動物之進化、與人類社會之進化。其間不無差異。彼下等動物。乏組織團體之本能、只各爲競爭。不相聯屬。至人類則數人相集。便成團體、故其競爭生存。非一人與一人之競爭。乃團體與團體之競爭、團體之競爭。則以同種族者爲最强固之團體。故觀今日世界大勢、有最大勢力之競爭者。即爲人種同異之競爭也。

人苟不有保全生命之本能。則不能爲社會之一人。而適於生存。蓋社會自利害而論。無容此人之餘地。然人苟祇知保全一身。不顧他人之利害。勢必孤立無助。亦不過爲社會之一人。故保全自己之本能。與結合社會之本能。於實際上必至互相混合。然世人動謂兩者實相矛盾。何不思之甚耶。

夫下等動物之利害。本極簡單。不外求食求牝牡及避敵數事。至人類則利害複雖。不可枚舉更文明之進步吾人之欲望愈益增加故下等動物只就一二之利害而衝突。故時出全力而抵抗。或賭生命而競爭。至人類則於此之利害。雖有衝突。然於彼之利害。究可相容。故出全力賭生命之競爭。未開時代其例雖不少。然至文明之世。此風漸已消滅。故小而名譽財力之競爭。大至國力消長之競爭。莫不因彼此利害。有可相容。卒至結合。蓋結合之勢力比之因衝突而分離之勢力常大。故至此也。是保全自己之本能。與結合社會之本能。何常不兩立哉。由此言之。人類之生存。雖以保全自己爲原動力。然苟與他人之利害。互相衝突。不可不求可以相容。且人爲社會動物。個人與個人之競爭。害多而利少。必爲有關團體之競爭方爲適理也。

考案

一下等動物之競爭。與人類之競爭試舉其差異。

二保存自己之本能。與結合社會之本能。究能兩立否。

第三十四課　思想倫理　勤勞與安息之關係

人者身體與精神相聯合而成者也。故欲爲有用之人。當於兩者並求其發達。況精神之作用。時被左右於身體。故不可不先求身體之健康。然欲身體之健康。當求適夫健康之法度。譬勞働必繼以疲勞。而疲勞不可不繼以安息。故於一生涯中以三分一之時日而睡眠。皆爲回復疲勞之用。由是勞働與睡眠。循環交代。身體之健全乃始可保、

夫只有睡眠。仍不能回復身體之疲勞也。何則、精神之疲勞。非睡眠可得回復。必須休養性靈。舒散鬱抑。乃能有效。如從事學問者、捐棄學事。或散策郊野。怡情花草。務忘平日所從事之業務。乃爲精神之安息。然人性各有所僻。有惰怠之性質者。則僻於怠惰。有勤勉之性質者。則僻於勤勉。故爲學生者。當勤勉時自須專心一志。潛心學事。然勤勉之時既畢。當即各適其適。從其所好。藉外界之景物以活潑其精神

故一日之中。必以二時許。爲安息精神之用。如現今風俗。以來復日而休業。蓋以每日之安息爲不足。更於七日之間。以一日爲休日。且四季之時候不同。長夏炎天。苦人最甚。故當夏令。擇一最暑之月。全輟學事。或轉地海濱。或匿迹山野。各依其適當之法。以謀身體與精神之健全。彼祇耽學問之益。全忘身體之害者。學生中不乏其人。蓋謂其爲人多暇日。其過人不遠。遂欲以一年之力。而勝人數年之功。不知人生精力有限。得於此則失之彼。其苦學數年。或有過人之處。然數年之後。精神衰弱。身體殘乏。昔之所以先人者。今反居人後。且一蹶不振。盡廢前功。可不慎耶。

故勤勉與安息。一如勞働與睡眠之關係。兩者固不可偏廢。然東洋思想。只知勤學之益。不知過勤之害。輕視身體。重視精神。不知精神雖極勇往。然魄力不足以副之。則一切熱望。徒屬空想。終無達其目的之一日。此歐洲教育分德育智育體育之三門。所由來也。

考案

一精神之疲勞如何。乃可回復乎。

二過度之勤勉。目前結果。及後日結果如何。

第三十一章　思想倫理　愛自及愛人之關係

苟生存社會中。爲社會之一人。則不可不明人與己之關係。蓋人不能孤立無耦。故必有相互之關係。或先人而後己。或先己而後人。或彼我可爲同等。咸有分寸於其間。然或謂凡事當爲人而忘己。此不過極端之論。不可爲訓。自大體而言。仍以愛己愛人。爲普通之道德。

人爲社會之動物。即人無朋友。不能生存。苟無朋友。一如食物之缺乏。無以保其生命。夫吾人生而即有朋友。故不覺其可貴。一如有生之初即呼吸空氣。以全生命。殆忘空氣之握要。直不置意。唯至空氣不通。呼吸極苦之時。即覺空氣之可貴。人之於朋友亦然。人苟被繫獄中。或流放孤島時。寂寞愁鬱。即覺獨居之慘。而思朋友之難忘。故自己與他人。其間決不可過存區別。有我之身體。乃得全我生命。亦有與我相對之朋友。我之生命乃始保全。是朋友與己。其形雖分。其體則一。必互相輔助。交相利益。始得完人己之關係者也。

理既如斯。今自社會上或國家上而觀。則我與彼皆爲社會中之一人。恰如兄弟之成長於父母膝下。對親而言。其間不可無兄弟之別。爲兄者有兄之本分。即有對弟之權利。爲弟者亦有弟之責任。即有事兄之義務。相互之間。既有區別。則兄之對弟。雖不必先弟而後己。而兄自有兄之本分。弟雖先兄而後己。是亦不過自守本分。由此推之。國家組織。亦當各視自己之職業而或先或後。身負重任者。其義務亦重。其義務輕者。責任亦少。要皆因夫自己對國家之位置。以爲自處。斯爲至當耳。

今試捨公事而論私交。又不可無多少之差別。夫即公事而言。則有上下前後輕重之別。若言私交。則彼我之間。自無甲乙之殊。皆爲平等。然人有能有不能。或有富於德望。或有富於智慧。或有長於技術。或有拙於機謀。有富貴貧賤之殊。有老幼男女之別。此交際上又不能不生區別者也。使人皆慢傲固屬惡德。然人過謙遜。不問何事。皆先人而後己。是其人不能利用自己之材能。却讓之比己遥劣之人。非獨不能盡己之義務。則社會上受其禍害。亦不少也。

東洋之倫理。則以謙遜爲主。於自己之思想。則謂愚案。於自己之言論。則謂愚說。此雖爲美德。然過於謙遜。却有負義務。故苟有適己技能之處。自當出而任其責。以謀公益。蓋此非於團體而誇己之所長。實己爲團體而有所盡力也。

考案

一朋友之關係如何。

二請論過於謙遜之弊。

第三十六章　思想倫理　職業之選擇

人心之不同。一如其面。故有所偏頗。或有所缺乏。必以教育而少補其缺。此教育之所以可貴也。然欲以同一教育之型模。而鑄同一之人類。則又難甚。何則、人各有天生之氣質。氣質爲何如。其人性雖活潑。勇於任事。然勇往之氣。不能持久。心理學者謂此爲多血質。又或性非活潑。然剛毅持重。百折不撓者。謂之膽汁質。又或持論甚堅。百變不易者。謂之氣鬱性。或毫無定見。游移無主者。謂之粘液質。此雖概論兒童之氣質。今以此氣質分爲數期。兒童之時期。有傾於多血質之勢。青年則傾於膽汁質。壯年則傾於氣鬱性。老年則傾於粘液質。更進而論精神之傾向。有適於研究物理之人。好窮理窟之學者是也。有富於臨機應變之人。如精於賣買之商業家。工於應對之外交家是也。有想像力極富之人。如畫工之表想像於繪畫。文人之顯思想於文章等是也。有精研數理之人。如土木機械學之技師是也。精神之傾向。非必偏於一種。然大約言之。或偏於學理上。或偏於實際上。或偏於文學之事。或偏於土木機械等之事。是人性之所不免。故有教育兒童之責。固當留意於所傾向。即青年之士。亦不可不善觀己之傾向。以選擇一生之職業。

然世人動欲以同一型模鑄同一之人類。或其親爲商業。以其子不適於商業。直目爲至愚。或文學者以其子不適於文學。直認爲精神之薄弱。不知人各有能有不能。故爲父兄者固當察其子弟性之所近。及其才之所長務發達而利用之。青年之撰擇職業。亦當如是。蓋決定性質之適宜與否。即其事之成功與否。已半定於此時矣。

雖然。目能視人於千里之外。不能見己之眉睫。如醫生工於醫人。往往不能自醫。彼精神發達已久者。尚復如此。況於血氣未定。精神尚稚之青年。何能以己之精神。而判己之職業哉。故職業之撰擇。當質之父兄。求之朋友。考之師長。以定其方向。深思熟慮。乃始可定畢生之事業。然青年之心。恒被霾於雲霧。有各種之欲望。又有求名之情慾。情慾者即迷其撰擇目的之雲霧也。如見軍人之盛服。及其風采之活潑。即思己若爲軍人。感若何之愉快。生爲男子。不可不以軍人而送其生涯。於是心一感觸。不暇計其所長所短。而起爲軍人之決心。幸其人有適於軍人之性質。尙無大害。苟其不適。則爲文學家。或爲政治家。可爲第一等之人物。然爲軍人。比之下卒。有所不逮。以一念之差。即誤一生之業。可不愼耶。

今又有靑年於此。性極聰穎。凡作一事。優過於人。然彼自恃聰明。或盡力於彼事。或研究此事。其所作爲。即時被人之稱賞。然其結果。比之尋常人則有餘。比之專門之士。則瞠乎若後。卒無一藝。足以卓絕人羣者。此又以精神之誤用。至負天賦之特質。不大可惜歟。

今日之社會。有日趨複雜之勢。且分業盛行。苟不擅專門。未易立於競爭塲裏。然專門之學。以普通學爲其基礎。故不通普通學。不能遽入專門之域。彼濫用知識。卒無所成者。固屬可憂。然徒求專門。闇於普通知識者。亦恐其兩無所得也。

考案

一精神傾向之差異。於其職業之結果何如。

二試說不善擇職業之害。

三軍人則笑文人爲文弱。文人則鄙軍人乏思想。動輒相輕。盍平論彼等之行爲。

第三十七章　思想倫理　知與行之關係

古來說知與行合一者。於知與行。非自然合一之理。及知行雖有離隔之傾向。然可以人力使之合一之理。未及詳說。故使知行合一之法。則第一須知識明瞭而完備。知識茍不明瞭。如胃中之食物。不能消化。必至害心之健康。且僅知事理之一端。而不知全體。常生誤解。或來反對之結果第二欲熟知一事。不可以知一事而足。必明各種之關係。譬欲研究名譽之性質。不獨於心理上及社會上考求名譽之爲何物。必將名譽之與一身上利害之關係如何。名譽之在社會上。有如何影響。與教育之關係如何。如何則爲虛名。必逐一研究。始與思想以活動力。而制一切之行爲也。第三於可實行之想像。與不可實行之想像。須區別淸楚。如詩人畫家等之想像。其發念之始。非求其實行。至關於政治道德等。則必以實行爲目的。故凡以實行爲目的之事。盡力之所能及以芟除空想。專求實際爲主。力行既久。漸變更習慣。而思想之方向。與行爲之方向。並行而不相悖矣。第四可破除舊時習慣。凡人生長於種種境遇之中或生於幸福之境遇。或生於不幸之境遇。境遇雖不同。然其所以受無形習慣之縛束則一。習慣之勢力頗强。雖賢者未易出其範圍之外。故非破壞一切舊習。於修身上極有妨礙。基督教謂此爲改生。佛教則謂爲悟。哲學家則謂爲新生命。要皆所以袪疑惑而求眞理者也。由此言之。知行非自然可以合一。必費幾許之工夫。及若干之勤勉。乃漸達其目的。行之固艱。知之蓋亦非易易也。

考案

一古人所謂知行合一之說如何

二知行如何方可合一

第三十八章 思想倫理 欲望論

蓋人生而有欲。大別之則爲性欲與欲望之兩種性欲者由身體中而發現者也。即謂之肉欲。亦無不可。欲望者則發於精神上者也。性欲者於身體之生存。殆不可缺。人苟無性欲。即失身體之健全。然苟無節制。不適其度。則爲縱欲敗度。至精神上之欲望。如名譽之欲。快樂之欲。知識事物之欲。使役他人之欲等是也。此等欲望。非必兩立。或遇求快樂時。則失名譽。知識或不能擴張。或汲汲求名譽。則有時犧牲身體之快樂。故仍須互相調和。力求適度之法也。

欲者人生所不免。故苟不與他人衝突。當求所以發達之。然古來宗教上時以絕欲爲目的。或粗食。或不娶等。以絕欲爲人生高尚之事。至其結果。却使人陷於卑劣怠惰。殊乏進取之氣象。夫未開時代。人之欲望。動失節度。雖犯他人之權利。有所弗恤。其弊至爭奪相殺。以爲人患。故此時代。不可不求所以壓制之。此時之倫理。謂之壓制倫理。雖然、文明漸啟。各人欲望。皆有日趨高尚之勢。如好秩序之欲望。與人共樂之欲望等。皆是。好秩序之欲望。即爲法律之本。共樂之欲望。即爲博愛慈善之用也。欲望既已發達。彼壓制倫理不適於用。故非獨不取壓制手段。却奬勵高尚欲望。使與其他之欲望。互相發達使各懷一大欲望以求滿足之道。社會之進步。人類之進化。胥在是矣。

考案

一欲望之區別如何。

二絕欲之說。於今日之社會有可取否。

第三十九章　思想倫理　節儉與奢侈

人之初生。皆依父母貧富之程度。以爲生活。故或生長於富豪之家。或長成於貧困之域。此自然之理。欲執而怨天之不均。憤天之不平。天不任其咎也。在佛教則言因果。謂積德於生前者。現世受其報。前世有悪業者。現世受其罰。然論境遇之幸與不幸。在倫理範圍之外。倫理學者只就已達丁年之人。離父母而爲生計。有獨立之力者。而論究之耳。

故人既爲獨立之生活。則才可致富者。其所費必多。庸碌無能者。則不得不力守儉約。由此言之。則雖奢侈揮霍。亦不外自食其力。非他人所得容喙。然細考之。却有大謬不然者。何則、人之費用。約分三種。第一爲生活上不可少之費。如衣食住等是也。生計上指此物品。謂爲必要品。第二爲適宜之費用。此等費用雖非生活上所必需。然於社會上欲維持其體面及博他人之信用而用之者。如同是衣食。則求滋養品。同是家屋。則求畧爲美觀。頗爲適體之品是也。此二者皆爲有限之費。第三即揮霍奢侈是也。揮霍奢侈。則無所限制。觀之古史。不乏其例。如紂王之酒池肉林。石崇之以蠟代薪。以湯沃盥。又羅馬王之一皇后。每日以牛乳而浴體等。此等之事。非爲强健身體。又非爲發達智識。不過欲極一時之樂。快一時之意而已。

自生計學上而論。其論則分兩派。一則謂奢侈者。所以獎勵實業。一則謂以奢侈獎勵實業。實偶然之事。獎勵實業。自有各種之方法。此書雖非以研究生計學爲目的。然余亦謂奢侈雖可爲獎勵實業之道。然不得謂爲獎勵實業不可少之術。考之實際。奢侈一事。有惰人精神。阻人進取之勢。於社會發達。誠爲有害。觀羅馬之末路。可知其概。故雖以己之材力而得之金錢。然徒消費於奢侈。近於身體上。則有衰餒志氣之處。遠於社會上。則有紊亂風俗之恐。終未見其可也。人之蓄積財產。決非以消費於奢侈上爲目的。必於社會上爲有用之費。方得其道。且節儉者。非必視錢如命。寧忍貧困之謂。其意蓋謂用所當用。省無益之費。留爲國家有用之需者也。國家之事業。不暇枚擧。如教育事業。慈善事業。研究學理事業等。非直接爲國家之急務。故往往有置爲後圖之勢。不知慈善事業及學理研究事業。隱助國家之進步。實大與有力。故富於財產者。合力捐輸。以成美擧。實爲國家莫大之益。彼歐美之財產家。平生貯蓄鉅富。臨終之時。捐數百萬之金。建一大學校。以發明新奇之學理。或建一大病院。救無數之貧病者。或設一大孤兒院。以助無告之孤兒。其例不乏。彼等者眞費財之好模範哉。

考案

一費用之法。約有幾種。能舉之歟。

二奢侈之不宜。其故何歟。

三請說節儉之意義。

第四十章　思想倫理　殘忍之情可去

吾人得生於文明之世。實爲莫大幸福。故不可不備文明人之資格。野蠻人與文明人之區別。其種類極多。然就一端而論。野蠻人之情。未能發達。故粗暴殘忍。不可言狀。彼時各種生物。及一般人類。殊乏同情。其殘殺生物。固無待言。即至同等之人類。苟不屬自己之部落者。時殺之以爲愉快。然世進文明。人類之同情。其範圍漸廣。由一家而及一族。由一族而及全國。如賣買奴隸一事。世界中文明各國。皆廢此制。蓋彼等身體之容貌。及其知識之程度。雖有所劣。然同賦形於天地。人之上無人。人之下無人。人情逐漸發達。遂於一切人類。至皆認爲同等。無所歧異。不寧惟是。即於敵國。亦不徒以殺戮爲事。亦互表同情。如赤十字會之組織。不問何國士卒。苟失戰鬬力。有可哀憫之狀態者。力爲療治。以保其健全。人情發達之前途。正未有艾也。

凡兒童之初生。自幼時以達丁年。必經種種之時期。進化論之說。謂其所經之時期。恰如人類之經數千年而進化。自初始時期。而至文明發達之時期。其順序初無少異。故兒童極似未開化之人。其舉動粗暴。制裁極少。或泣或笑。或跳或舞。無一非徑情直遂之行爲。且不乏殘忍之性。如捕各種之動物。斷刖其手足。以樂其顛沛之狀。或戕賊其生命。以聽其呼號之聲。更或戲侮他童。以爲愉快。此人情之自然。勢所必發。爲父兄教師者。不可不因勢利導。力求善法。以消除其殘忍之性也。

昔羅馬有名崐咈除打之塲。此地實爲鬬爭之所。地之四圍。高張蓬敝。足容數千人。一至祭日。有使猛獸相鬬。或使牛與牛鬬。或於外國捕回之强力者。善養其身體。使極壯健。令與牛鬬。當此之時。聚觀如堵。舉國若狂。此實獎勵國民殘忍之性。誠不可爲訓者也。

故殘忍之性既廢。則不可無同情愛情。同情愛情者。社會結合之本源也。吾人自親子兄弟之關係。而及於國民。而及於世界人類。其間雖有差等。然愛情之不可缺則一。此博愛論之所以起也。由此推之。一切生物。亦當博愛。蓋一名生物。即有好生惡死之性。諺曰。一物雖微。亦有生命。彼妄爲殺戮者。盍一思反乎人情否耶。

考案

一野蠻人與文明人。情性差異之處如何。

二請論奴隸制度之非。

第四十一章　思想倫理　安心與懷疑心

人自幼齡以達丁年。其身體及精神。俱生各種之變化。自身體上言之。自十四五歲至十八九歲之間。其身體之搆造。殆爲一變。於言語則有聲音之變。於味覺則有嗜好之變。故當斯時代。不可不力求養生。苟養生失其宜。其惡果即及於畢生。不可不愼也。

非獨身體惟然。即精神上亦生變化。如從前所見聞之事雖多。然認知之精神。頗爲單簡。故僅知覺外部已然之單簡事實。又或聞他人之言論。殆無疑難。即信以爲然。當此之時。渾樸純全。殆無因外部之教育及外界之境遇。以爲轉移。然至達成年之頃。少解事物之理。於從前所聞所見。發見種種之謬誤。遂於一切事物。其懷疑心。遂勃然欲發。如生於宗教家之左右時。聞神佛之事。有聽受而無問難。即信而不疑。至此時期。遂生所謂神佛者果有與否之疑問。又時聞俗說。謂天地之自混沌剖來。又復生所謂渾沌者自何而來之疑問。由是智識漸進。經驗漸廣。是等之懷疑心。益爲發達。至自己之身如何而處世。亦不能自解。疑之又疑。心益迷惑。雖時有可以理解之事。終爲各種事情所蔽惑。茫然不知所措者。或爲一時之憤激。一刀兩斷。遽定畢生之職業。而貽後悔者。懷疑心之迷靑年。雖如此其苦。然時期一過。雲霧俱空。反懷疑心而爲安心。反苦悶而爲愉快。故當懷疑心之勃發。決不可妄自決斷。或考之敎師。或質之父兄朋友。思之思之。審擇周詳。乃有所獲也。

故謂懷疑爲進步之母。亦無不可。何則、必有懷疑之心。乃生研究之念。有研究之念。始得發明新事物。是以懷疑雖極苦惱。然苟不嘗此滋味。無以爲入德之門。懷疑之心既去。安心之時代即來。然安心與滿心。頗易混淆。固不可不辨。安心可也。滿心不可也。安心者雖未達其目的。然先定自己之職業及從事職業之法。依法而行。其目的必有達之之一日。故不至徬徨歧路。手足無措。且職業既定。即認爲自己之天職。復就己所職業之中。將閱歷經驗。求發明之以圖其進步者也。滿心者則器小之代表。偶有一得。沾沾自足。永無進步之一日。兩者之間。其幾甚微。失之毫釐。謬以千里矣自古偉人之大事業大理想大學問。無不因懷疑之故。絞腦漿。竭精神。始有所成就。凡人常居順境。不能判心力之強弱。必出遇逆境。乃能鍛鍊其精神。况社會之實際。逆境恒多。順境恒少。故青年之士。不可不善養其冒險進取之精神。語曰。不憤不啟。不悱不發。又曰。思之思之。鬼神通之。此之謂也。

考案

一請述吾人發達上身體及精神變化之狀態。

二懷疑心之効用如何。

三安心與滿心之區別如何。

第四十二章　思想倫理　養成反省之習慣

圍繞吾身者。皆境遇也。凡人必因夫所遭之境遇。以處吾身。故知身所處之境遇甚易。然心者不囿於境遇。變動不居者也。故知之極難。如以目而視。明雖足以察秋毫。然不能見己之眉睫。欲見其眉睫。非鏡不可。即有鏡矣。然欲知我目中之網膜。又非用各種〆機械。或自科學上而推論。則未易明其性質。考察吾心。亦復如是。

語曰吾日三省吾身。古代希臘。則以「知自己」之語爲格言。於佛學則言見性。是皆所以除妄想。祛迷惑。見本來之面目。而使之常惺惺者也。西洋之某詩人。謂一切學問。無慮千百種。然最適於人之學問。則爲研究人一事。其意蓋謂就己之思想。及他人之行爲。廣爲研究。以明人類之性質。夫只就他人已然之事而爲研究。則不過自外部而推測其內部。欲研究其內部。非內自省。則無以研究精神之狀態也。

內省之事有二。一則將自己之地位。立於社會上若何。自己之才能。比較他人若何。凡與己有關係之事。莫不搜羅蒐集。以爲考證之助。一則將自己之所學問。其目的若何。自己之精神。所注重若何。復從其影響之所及。與發達之傾向。從源竟委。纖悉靡遺。苟缺其一。極其量亦不過獨善其身。斷未可以兼善天下也。

且欲知人之性。不可不先知自己之性。能知自己之性。非獨可以知人。且有感化他人之力。佛教之所謂以心傳心也。夫人心之奧妙。非言語所能形容。可以言語形容者。實爲糟粕。故苟能見性。或見之行爲。或發之顏色。不問其舉動之如何。遂有莫大之感化力。如有道之士。其言論初非有新異之思想。其舉止非有震慴之行爲。而莫名其妙。即令人肅然起敬。儼然人望而畏之者。將以問之被感之人。固不知其所以然。即以質之感人之人。彼亦不知其何以致此也。然此習慣。非一朝一夕之所能致。以養而成。以習而慣。苟不用力於此。則若泛無柁之舟。隨風潮以俱靡。皺漾搖動。醉生夢死。可不懼耶。

考案

一試言佛家見性之義。

二內省之法若何。

第四十三章　思想倫理　嗜好論

吾人之精神。其活動本極複雜。故一則謂天地間以人之精神爲最可寶貴。其活動之大目的。以利己爲主。不問何時何地。不可因他事而妨利己之目的。一則謂利己者。非人生之目的。事出於不得已不可不犧牲一己之幸福。以爲他人。以爲國家。二者之論。有正反對之觀。然本章所論。則就前者之說而明嗜好之性質。及其關係於精神全體者也。此事雖與普通所謂道德。少有所異。然相輔而行。則所以高尚人類之品格者。亦即在是。

嗜好者見美麗而感愉快之謂。然美惡無定形。美者自美。吾不知其美。惡者自惡吾不知其惡。甲之所謂美者。不能施之於乙。乙之所謂美者。不能施之於丙。故從各人之所好。而感爲美者。是謂其人之嗜好。此世人所以謂美非因物而定。美乃從人之嗜好而成者也。然考其實際。人之嗜好雖殊。亦自有一定之標準。縱非如度量權衡之確定。而從輿論之所傾向。遂莫能出其範圍。故有教育之責者。不可不擇一標準。養育各人之嗜好。而驅之使日進高尚也。

心理學者。分心之作用爲智情意三種。智者指知識想像判斷等之精神作用。情者喜怒哀樂等之現象。意者發心中之思想。表之實行之作用。嗜好雖屬情之一種。然分心爲外部作用與內部作用時。則嗜好又屬內部之作用。與知識德義之外部作用。相爲對立者也。德義者自行爲而論人心。知識則自行爲之方法而論。嗜好則自心所感覺而論。於理論上三者雖各相分。然考之實際。必三者相助。人之品格。乃得完全。譬其人知德俱備。然其嗜好猥瑣。自家屋身體之裝飾。至動作言語之禮法。皆絕不檢攝。則究不能謂爲品格完全之人。雖認如何之嗜好。方爲高尚本無定則。然嗜好與德義。相爲輕重。固所當留意也。

古來之倫理學。重德義而輕嗜好者。非無其故。蓋德義爲實行的。嗜好爲娛樂的。亦未開之世。生存競爭。日不暇給。娛樂一事。無暇兼顧。故非獨不爲獎勵。且以爲奪志妨功。時有禁止之事。然世進文明。利用天然力之法既明。社會之生產力。亦漸加富。故以財產之餘裕。供若干之娛樂。視爲人生上不可少之事。徵歐洲之歷史。當可瞭然。故古來以儉樸爲德義中之要點。然國家之富源益豐。社會之生計必侈。故吾人苟不高尙其嗜好。選擇娛樂之方法。其影響必及於國家與社會。蓋娛樂者雖爲獎勵人心之具。然亦腐敗人心之藥也。

故家屋之裝飾。衣服之趨尙。身體之舉動。言語之選擇。雖在道德之外。然皆所以發表其人之嗜好。即與其人之品性。極有關係者也。語曰。巧言令色。鮮矣仁。又曰。服之不稱。爲身之災。鬼幽鬼躁。即爲不壽之徵。趾高氣揚。是爲敗軍之兆。事有生於隱微。而輕於人之所忽者。修身者其知所愼歟。

考案

一嗜好者。屬人心作用之某種乎。

二嗜好者何故關於品性乎。

第四十四章　思想倫理　自由及其限制

自由權利之思想。至近世而始發達者也。誤解自由者。動謂隨我之所欲爲。他人

不得干涉。不知自由者。自有一定之解釋。決非爲所欲爲。放任自然之謂也。夫人類相集而成一社會。苟各爲自由。則彼之自由。與我之自由。必互相衝突。使欲妨他人之自由。以擴張一人之自由。是此之一人則極自由。彼之一人則極不自由。故韓圖曰。自由者有自由之法則。法則維何。即組織社會之個人。皆有自由。惟限於不妨他人自由之範圍。始得使用我之自由。此即自思之法則。故苟妨害他人之自由而擴張自己自由時。則我之自由。亦必有被他人妨害之害。是自由非爲所欲爲之意可知。必從天然之法則。及社會之法則等。乃始得爲完全之自由者也。

考所謂自由之思想所由起。實自吾人意思。本爲自由一念而生。意思自由之說。近世之心理學。或倫理學。議論不一。此篇不暇具詳。然其所謂自由意思者。吾人所欲爲之事。無爲困難。無爲恐怖。無爲阻力而中止。苟不妨害他人之自由。雖如何困難。如何艱險。當求達其目的之謂也。故有一可爲之事。於此明知其可爲。或恐陷於困難。或恐他事之阻力。卒不能行其志此即謂放任己之自由。不得完其自由意思者也。

然則自由意思。苟不妨害他人。不論何事。果可任意爲之乎。即自殺亦無不可乎。釋之曰。不然、自殺雖爲我之自由。無妨害他人自由之事。然既爲社會之一人。不完自己之本分。殺己與殺人。實同其罪惡者也。故西洋之某國。以自殺者視爲殺人犯。不許用常人之葬式。故自殺者考之德義。是謂自由之濫用。決不容於社會者也。

考案

一請論誤解自由之弊。

二韓圖之自由說如何。

第四十五章　思想倫理　改過論

自非聖人。不能無過。此過之所以勿憚改也。然自宗教上考之。古代風俗。與近世風俗。頗相懸殊。古代宗教。凡人於所犯之罪惡。欲求所以償之。須受種種之痛苦。以洗其罪惡。如印度有犯罪過者。數月或數年。粗衣惡食。兀然苦坐。直至身體衰弱。幾不能堪。遂以其痛苦之程度。爲洗自己之精神。又猶太教人有過時。不可不受惡報。譬誤潰他人之目。必潰己目以相償。傷他人之齒。必折己齒以相贖。及人智稍進。悟此等舉動。反乎人情。故其人罪惡雖多。苟能悔過自新。不必以罪償罪。此所謂既往不咎也。至近世對罪人之法。皆咎其過去之罪。寧問其將來之何如。故罪人咸有自新之路。惡不終惡。且慘酷之刑法。及殘酷之手段。亦可漸除。文明之賜。其利溥哉。

即私交上而論。亦當不念舊惡。苟其人偶有錯誤。即銜之切骨。時懷復讐。此實野蠻時代。極卑陋猥瑣之事。故須時懷惻隱。務使其人遷善改過。得以自新。苟能自新。則不問其從前所犯何罪。於交際上自復得其對等之權利者也。非獨他人爲然。即於自己。苟知其過。當視爲毒蛇猛虎。祛除殆盡。若恐他人之指摘。有損名譽徒自文飾。亦祇重䋣其過。於過曾無少補。語曰。過則勿憚改。又曰君子之過也。如日月之食焉。蓋非謂過之可恥。過而不改。斯爲可恥耳。

考案

一請言古代償罪之法

二請言不念舊惡所以然之故。

第四十六章　思想倫理　道德之制裁

制裁原有數種。或爲法律之制裁。或爲自然之制裁。宗教之制裁。社會之制裁。道德之制裁。法律之制裁。於國家倫理既已詳論。今有人於此。本嗜飮食。然以身體羸弱。因飮食不節。屢致疾病。後知病源之所在。大爲節戒。此謂之自然之制裁。或謂生前若爲惡事。死後必受神罰。故有所恐懼。不敢妄爲。此謂爲宗教之制裁。又或所爲之事。於他人與己。非有妨礙。然其舉動醜怪。令人嫌惡。於交際上極形不便。於是居中國者。從中國之風俗。而爲衣食住。居西洋者。從西洋之習慣。而爲衣食住。此謂爲社會之制裁。至道德之制裁。則譬爲一事。苟以虛語欺人。事當即成。然反之良心。有所不忍。故甯僨事。仍以眞誠相待。此之謂道德之制裁。

夫道德之制裁。本非如法律社會之制裁。自外而相迫。存乎各人之心中。而莫可見者也。苟其人無此制裁。他人無從而干涉。是道德之制裁。本極虛漠。然自教育上而論。不問何人。無不有此制裁者。只或多或寡。因人而異。故教育者。必求所以擴張而强固之。蓋道德之制裁。實察社會法律制裁之所不及察。必相待而始能爲完備之制裁者也。

世人咸知衣食住之握要。至道德之思想。則視爲緩圖。不知才能爲道德。相輔而行。人祇有道德與不道德之兩途。萬無中立之理。苟不道德。雖有如何奇偉之才能。終失信用於社會。失社會之信用。是猶魚之失水。生物之失空氣。即其體魄巍然尙存。亦不過僅保其生理上之生活。於社會上之生活。則已死也。道德者實爲社會之原動力者也道德者所以制裁一身之精神而非所以求他人之傾聽者也。世嘗有以道德家。或宗教家自誇其道德心。與宗教心之不健全者。固不足論。即果眞實。然其自誇之一念。已非道德宗教之本旨矣。語曰。君子之道。闇然而日章。又曰、不患人之不己知，求爲可知。又基督教謂以右手施物於人。須令左手不知。觀此可以言道德矣。

考案

一　問制裁之意義及其種類

二　道德制裁之性質如何。

第四十七章　思想倫理　思想與實行之關係

古人有言。世界萬物。惟人最貴。人身之中。惟心爲尚。是心者人之所以爲人者也。雖然、心身相助。始得爲完全之人。即思想與實行。兩者不可須臾離。此知行合一之說所由起也。然言非一端。義各有當。思想界與實行界。究有時可以相離而獨

立者請言其大略以備一解

吾人思想。有各種之想像。想像者不問實行與否。祇與人生之快與不快。大有關係。如詩歌美術。音樂等。非祇爲娛耳悅目之具。蓋欲因其想像。使精神活潑。別生一種之愉快者也。此外科學上之智識。及哲學上之知識。亦然。如哲學者考察宇宙之眞理。研究萬物之大本。科學者探索物理。及天文地理等之事。彼發見學理。雖有時應用於實際。然人本有求智識之欲望。故發明眞理。於精神上便大感快樂。其初固不求其能實行與否者也。

如上所云。然只於一己之身。求娛樂之法。故有貴重價値。此外不在此例。蓋精神之思想。仍藉實行。其思想乃始現於外界。世之學者。往往徒誇博覽。只於文字語言上。穿鑿事物之理。不求實際之如何。是實智識之濫用。不足爲青年之模範。蓋學問有何可貴。只實行其學問。而建立事功。斯爲可貴耳。思想者不過爲實行之準備者也。

故自學問上而論。前者爲理論之學。後者爲應用之學。研究學理。則足助精神之愉快。考求實學。則足助社會之發達。然徒主應用而不求學理。固不可行。徒求學理。而不問應用與否。亦屬一偏之論。故欲完全其人格。於外部之行爲。固當檢攝。即內部之思想。亦當涵養。若只研究行爲之規則。不求精神之活潑。是謂機械的人物。極其量亦不過爲最新式之機械。初不能自爲變化者矣。

考案

一 想像之價値如何。

二 一切學術。必應用於實際。始有價値。其說若何。盍批評之。

第四十八章　思想倫理　宗教與倫理之關係

或謂道德之外無宗教。或謂宗教者。所以完全道德。然欲解此問題。必須先明倫理之爲何。與宗教之爲何。乃足論兩者之關係。夫倫理者。於社會組織上。明人類相互之關係。即爲人君止於仁。爲人父止於慈。爲人臣止於敬。爲人子止於孝等是也。宗教者明人之從天然之法則而生。從天然之法則而死。或稱神。或稱佛。或稱天。或稱宇宙之理法。以下種種之解釋。故謂倫理者爲社會的。宗教者爲天然的。亦無不可

夫宗教之中。有佛教。有回教。有基督教。宗教各不相同。即一教之中。主義常相互異。即如佛教。或謂眞言。或爲禪宗。殆正反對且各教中高深之理論思想苟未發達。未易了解。如愛情然。苟未達成年。殊不知愛情爲何物。至倫理則不然。於事君之道。事親之道。處朋友兄弟之道。即極幼稚之年齡。苟教訓之。必能領會一二。由此觀之。宗教與倫理。決非可混而爲一者也。

夫倫理與宗教有相助。亦有相反者。如古代之宗教。時有殺人以供神者。又於男女之道。或極猥褻者。其反夫人道者不少。是宗教與道德本異其根源。然世進文明。反背倫理之宗教。逐漸消滅。其所云神云佛。皆本乎人情。以爲說教。遂至宗教而兼有倫理。至今日信佛教者之所言。得其眞與否。行基督教者之所說。得其當

與否則固未可豫決耳。

人既達丁年而後。必生宗教心。苟不選一適當之宗教。極易陷於迷信。故宗教之得宜與否一生之行爲。亦被其影響。得宜者藉以芟除妄念。提聳精神。否則一舉足。一跬步。動與倫理相衝突。致被擯於社會。可不慎耶。世非無宗教可廢之論。彼等見今日之所謂佛教耶教。又所謂佛教信徒。耶教信徒之如此卑陋幼稚。遂遽謂宗教之無關要旨。是何異因噎而廢食耶。

考案

一宗教與倫理之差異如何。

二請論宗教之可廢與否。

第四十九章　思想倫理　善惡之標準

倫理者所以勸善懲惡者也。然徒問何者爲善、何者爲惡。則害人則爲惡。助人則爲善。勤勉則爲善。怠惰則爲惡。理甚易明、似無容起善惡之質問。至考之哲學古來學者不一其說。或云適於宇宙之理則爲善。或云神之所命即爲善。或云人情之所向則爲善。維持社會之安全則爲善。異說雖多。然大別之約爲二種。一則就人之行爲而論善惡。一則就人之思想而論善惡。前者即普通之所謂修身學。其中亦分甲乙之兩途。甲者自行爲之結果。以有利世人者爲善。有害世人者爲惡世之所謂實利論是也。乙則不問其結果之如何。其所行爲適於倫理法則者爲善。不適者即爲惡。後者即於思想界而定善惡之標準。其論與實利論大異。蓋彼者以世之利害爲本。此則以人之精神爲本。幸而各人皆有倫理思想。則舉社會而認爲善。不幸而人心各異。倫理思想。亦因之互殊。此之所謂善者。彼以爲不善。甲所認爲善者。乙則認爲惡。思想苟有衝突。非以教育之方法。或以社會之制裁。固未易調和其思想也。

由此觀之。善惡之標準。一則求之精神上。一則求之利害上。兩說並存。必不能相容。將果存之精神之性質乎。抑存之世之利害乎。兩者必居其一。此等議論。雖在倫理學研究之範圍。然非窮之心理學。社會學。哲學。未易決定。特將兩說。並列於此。深願諸君。各因其已知之理。而益窮之以致乎其極。其或有所折衷歟。

考案

一試舉善惡標準之學說。

二完全善惡之標準。如何而始決定之乎。

第五十章　思想倫理　常道論

眞理本極單簡而平易。然世人動疑其幽遠高深。非常人之所能覺悟。何不思之甚哉。夫考求眞理。其方法雖極複雜。然眞理發明之後。夫人皆可了解。如達爾文之發見進化法則。雖其詳細。非專門家莫能問津。至其所謂自然淘汰。生存競爭之眞理。則一說便明。又勢力不滅之法則。欲證明其如何。雖由深遠之學理。至其結果。即乳臭小兒。亦可悟會。又如儒教之所謂仁。基督教之所謂愛。佛教之所謂慈悲。其條理雖極綿密。然其原理。則淺易近人。由是觀之。吾人處世之道。就思想而論似極單簡然當實行時固又甚困難也。何則、社會之事。或常或變。如春夏秋冬之代嬗。親子夫婦之情誼。固萬世不易者。然自邦國之互殊。時代之不同。或人情之變易遂變易更移。不知底止。此於倫理上所以有常道與權道之別也。常道者爲社會之基礎。即爲倫理之標準。如忠於君。孝於親等是也。權道者。處變之道。驟觀之雖似反常道。然其結果。卒與常道不相背馳。如舟之渡河。當水流平緩。舟向目的點。雖得依直線而進行。然波流迅速。必向上流而進行。始能達其目的點。直線進行者。常道也。向上流而進行。人之視舟。雖似違其目的。然與流勢相合。卒達彼岸者。權道也。以滋養品而衛生常道也。然病之既發。服辛苦之藥品。或以毒消毒者。權道也。又男女授受不親。禮也。嫂溺援之以手者權也。此權道與常道之別也。

考之歷史。太古人智未開。欲望單簡。且天然之賜多。而人口少。故皆得熙熙皞皞。以遂其生涯。然人口既繁。競爭益烈。人遂自增加快樂之問題。移而研究避痛苦之問題。故行常道者逐漸減少。用權道者日益增加。至今日世界之大勢。則人智發達。以天然力而代人力。人口雖增。而供給益富。自學理之進步。機械之發明。蒸汽力電氣力等之應用。變古來之厭世主義。而爲樂天主義。權道有漸復常道之勢。即萬國之風氣互殊人情各異亦不過權道之變化。至常道則放之東海而準。放之西海而準者也。

儒教之思想。追思堯舜之時代。務冀復古。然西洋之思想。想像將來之黃金時代。希望極奢。一則追懷過去。一則希望將來。兩者雖相反對。然其欲天下悉歸常道之目的則一。要之追懷過去者。偏於保守。於發達數千年之人類。殊難滿足其欲望。至希望將來者。富於進取之氣象。其進步靡有限期。故常道雖萬世不易。然從社會進化之度。自不無變化於其間。吾人其勿徒思復古。而忘進取主義。庶乎其可也。

考案

二追懷過去與希望將來。之與常道之關係。

中等教育倫理學後編終